はじめて学ぶ集合と位相

データサイエンスへの応用を目指して

[著] 田村篤史
　　 猪股俊光

共立出版

まえがき

　「集合と位相」は数学全般の基礎，数学の諸概念を表す「ことば」などといわれている．そればかりではなく，現在では，自然科学に加え，社会科学における基礎理論や応用技術の理解のために習得すべき分野の一つといえる．事実，現代社会では膨大なデータのなかから価値ある情報を見つけ出し，それらをもとに判断や行動することによる課題解決が図られており，数理科学，データサイエンス，AI（人工知能）の分野では，「集合と位相」を基礎として構築されている理論や技術が少なくない．これらの分野は，今後，ますます発展が期待されることから，「集合と位相」が果たす役割はより重要となるであろう．

　このように，「集合と位相」は幅広い分野の基礎となることから，大学では比較的早い時期に学ぶことが多い．しかしながら，抽象的な内容のため分かりづらい科目との印象がもたれている．そこで，本書では，「集合と位相」の基本的な用語や定理などの単なる列挙とはならないように，次の点を考慮しながら執筆した．

- 高校までの数学の知識を前提とした説明

　理工系（理学，工学，情報科学など）や社会科学系の専門分野のなかで取り上げられる数学的基礎を学びたい学生や社会人を読者と想定し，「集合と位相」の基礎については高校までの数学の知識を前提として読み進められるようにした．

- 自習のために，基礎概念の説明に対応した例題・問題の提示

　各単元の基礎となる項目を明確にしたのち，その理解度を確かめるための例題，例題の理解を深めるための問題と続けることとし，各章のさいごに発展的な内容を含む発展問題を提示した．いずれの問題についても解答例（略解）を掲載し，自習の助けとした．

なお，基礎概念の説明にあたっては，記述の厳密性を担保しつつも，「何のためにそのようなものを考えるのか」「なぜ，そのように定義したのか」「その定理の意味するところ何か」などについても，できるだけ記述することを心がけた.

- 「集合と位相」の応用例としてのデータサイエンス

「集合と位相」を数学としての学び（定義，命題・定理等の理解）だけで終わることのないように，「集合と位相」がデータサイエンスの分野で応用されていることを，データ分析のための様々な距離，自然言語処理，情報幾何などを第9章で述べた．なお，線形代数や統計学の基礎を前提としている.

筆者らが本書を通じて読者に伝えたかったことの一つが，「集合と位相」が数理・データサイエンスによる現代社会の課題解決の一助になっていることである．本書をきっかけとして，これらの分野の専門書での学びにつながれば幸いである.

本書は，2022年度からの岩手県立大学ソフトウェア情報学部における専門科目「集合と位相」での講義ノートをもとにしている．第1章から第5章は猪股が，第6章から第9章は田村が分担した.

これまで，「集合と位相」を受講してきた学生，出版にあたってアドバイスをいただいたみなさま方に深く感謝いたします．特に出版にあたっては共立出版株式会社編集部の三浦拓馬氏にご尽力いただきました.

2024年4月 雪解けで鷲の姿が現れた岩鷲山を望むキャンパスにて

田村　篤史

猪股　俊光

学習の手引き

本書の構成

　本書では，「集合と位相」の基礎から応用までを，次の9つの章に分けて述べた．それらは大きく4つのまとまりからなる．

	章番号	内　　容
導入	第1章	「集合と位相」入門
集合	第2章	集合を数学的な「ことば」として使うための用語・記法・演算方法について述べた．
	第3章	写像を集合の概念で表すための準備として直積を定義し，写像の種類・性質，集合の集合の表し方などを述べた．
	第4章	集合の元の個数（濃度）に着目した議論のために，関係を導入し，有限・無限の特性について考察した．
	第5章	集合の元どうしの関係に着目した議論のために，順序関係を導入し，集合どうしの比較・分類について考察した．
位相	第6章	位相への入口として，ユークリッド空間と距離空間を取り上げながら，集合の元の「近さ」の定量的な尺度を導入した．
	第7章	「近さ」を表す定量的な尺度を捨象し，集合の概念（開集合系など）で定義した位相を導入し，位相が導入された空間の特性について考察した．
	第8章	定量的な尺度をもたない位相空間のもとで，連続の概念，ならびに，位相空間どうしの関係性について考察した．
応用	第9章	「集合と位相」の諸科学への応用例として，データサイエンスの話題について解説した．

　必ずしも順番どおりに読み進めなくてもよいが，定義や記号は順序立てて示したことから，これらのまとまりを意識しながら読んで欲しい．

vi 　　学習の手引き

本書での用語や記号

本書のなかで使われていて，数学に固有ないい回しの主なものを次に示す.

少なくとも　「最小でも」の意.「少なくとも 1 個」は「1 個以上」を表す.
たかだか　　「最大でも」の意.「たかだか 1 個」は「0 個または 1 個」を表す.
任意の　　　「すべて」の意.「任意の自然数」は「どの自然数でも」を表す.
適当な　　　「条件等を満たすよう適切に選んだ」の意.

特に，集合と位相の用語や記号は，書物によって異なることがある．本書では主に「岩波数学事典第 4 版」（岩波書店，2007）をもとにしつつ，次の記号を用いた．他書を読む際の参考にしてもらいたい．

		本書の記号	他の流儀
集合	部分集合 (subset)	$\subset$	$\subseteqq$, $\subseteq$
	ベキ集合 (powerset)	$\mathscr{P}(A)$	$\mathfrak{P}(A)$, $\mathcal{P}(A)$, 2^A
	差集合 (difference)	$A - B$	$A \backslash B$
	補集合 (complement)	A^c	$\overline{A}$, $\bar{A}$
	濃度 (cardinality)	$|A|$	$\sharp A$, $\mathrm{card}(A)$
	含意 (imply)	$\Longrightarrow$	$\rightarrow$, $\supset$
	同値 (equivalent)	$\Longleftrightarrow$	$\leftrightarrow$, $\rightleftarrows$
位相	内部 (interior)	A°	$\mathrm{Int}\, A$, $\mathrm{int}\, A$
	外部 (exterior)	A^e	$\mathrm{Ext}\, A$, $\mathrm{ext}\, A$
	境界 (boundary, frontier)	A^f	$\mathrm{Bd}\, A$, ∂A
	閉包 (adherent)	A^a	$\mathrm{Cl}\, A$, $\bar{A}$

洋書では閉包を closure とすることが多いが，A^c を補集合の記号として用いたことなどに配慮して，表の記法がしばしば使用される．

また，位相においては，様々な距離（関数）やギリシャ文字が登場する．それらを次表にまとめておく．

距離の名称	記号と定義
マンハッタン距離	$d_1(\boldsymbol{x}, \boldsymbol{y}) = \lvert x_1 - y_1 \rvert + \lvert x_2 - y_2 \rvert + \cdots + \lvert x_m - y_m \rvert$
ユークリッド距離	$d_2(\boldsymbol{x}, \boldsymbol{y}) = \sqrt{\lvert x_1 - y_1 \rvert^2 + \lvert x_2 - y_2 \rvert^2 + \cdots + \lvert x_m - y_m \rvert^2}$
一般化された距離	$d_n(\boldsymbol{x}, \boldsymbol{y}) = \sqrt[n]{\lvert x_1 - y_1 \rvert^n + \lvert x_2 - y_2 \rvert^n + \cdots + \lvert x_m - y_m \rvert^n}$
チェビシェフ距離	$d_\infty(\boldsymbol{x}, \boldsymbol{y}) = \max \{ \lvert x_1 - y_1 \rvert, \lvert x_2 - y_2 \rvert, \ldots, \lvert x_m - y_m \rvert \}$
S^n の球面距離	$d'(\boldsymbol{x}, \boldsymbol{y})$: $\boldsymbol{x}$ と $\boldsymbol{y}$ を通る大円の劣弧の弧長

ギリシャ文字

読み方	大文字	小文字	読み方	大文字	小文字
アルファ	A	α	ニュー	N	ν
ベータ	B	β	クシー，グザイ	Ξ	ξ
ガンマ	Γ	γ	オミクロン	O	o
デルタ	Δ	δ	パイ	Π	π
イプシロン	E	ε	ロー	P	ρ
ゼータ	Z	ζ	シグマ	Σ	σ
イータ	H	η	タウ	T	τ
シータ	Θ	θ	ウプシロン	Υ	υ
イオタ	I	ι	ファイ	Φ	φ
カッパ	K	κ	カイ	X	χ
ラムダ	Λ	λ	プサイ	Ψ	ψ
ミュー	M	μ	オメガ	Ω	ω

本書を読む際の注意事項

　本文（付録，解答例なども含む）は，紙数の都合もあり，議論の前提条件や表記法など，注意すべき点を繰り返し述べることはしなかった．本書を読む際には，次のことに注意されたい．

viii　　学習の手引き

- 集合は，英大文字 $A, B, C, \ldots, X, Y, Z$ を用い，元（集合の要素）は英小文字 $a, b, c, \ldots, x, y, z$ を用いた.
- 第6章以降では空間を大文字 X, Y などで表し，空間上の点（元）は小文字 $\boldsymbol{x}, \boldsymbol{y}$ などで表す. ただし，空間が1次元のときは太字を用いず，x, y などを用いた.
- 第6章以降で用いる集合・部分集合は，特に断らない限り，**空集合でない**.
- 「$\underset{\text{def}}{=}$」を右辺を用いて左辺を定義するという意味で用いる.

　数学の基礎を理解するには，問題を解いたり，命題・定理の証明を理解することが有効である. 特に，証明の理解は，新しい理論，技法を考案するときに役立つ. そのためにも，参考文献等を活用して学びを深めて欲しい.

さらなる学びのために

　紙数の都合上，公式の導出や命題・定理の証明，解答例の一部は割愛した. 解答例の詳細などについては次のサポートページの**補足資料**を参照されたい.

　【本書のサポートページ】

　　　　http://www.kyoritsu-pub.co.jp/book/b10086348.html

目　次

まえがき　　　　　　　　　　　　　　　　　　　　　iii

第 1 章　「集合と位相」入門　　　　　　　　　　　1

　1.1　集合の世界 1
　1.2　位相の世界 4

第 2 章　集合の基礎　　　　　　　　　　　　　　7

　2.1　ものの集まりと表し方 7
　2.2　有限集合と無限集合 12
　2.3　集合どうしの関係 12
　2.4　集合どうしの演算 17
　発展問題 24

第 3 章　集合と写像　　　　　　　　　　　　　25

　3.1　集合と写像 25
　3.2　写　像 26
　3.3　写像のグラフ 29
　3.4　写像の合成 30

x　　目　次

3.5　写像の分類 32

3.6　逆写像 33

3.7　添字づけられた集合族 35

発展問題 40

第4章　集合の濃度　　41

4.1　関　係 41

4.2　同値関係 44

4.3　対等と濃度 46

4.4　可算集合 51

4.5　無限の濃度の大小 55

4.6　非可算集合 57

発展問題 61

第5章　順序集合　　62

5.1　集合への構造の導入 62

5.2　順序関係 62

5.3　順序集合 65

5.4　順序同型 72

5.5　整列集合 76

5.6　Zorn の補題と整列可能定理 77

発展問題 80

第6章　距離空間　　82

6.1　距離空間 82

6.2　距離空間の開集合 87

目　次　　xi

6.3　距離空間のいろいろな点と閉集合 94

6.4　開集合と閉集合の性質 102

6.5　距離空間における点列の収束 103

　発展問題 110

第7章　位相空間　　111

7.1　位相空間 111

7.2　部分位相空間 125

7.3　ハウスドルフ空間 127

7.4　連結空間 130

7.5　コンパクト空間 136

　発展問題 144

第8章　連続写像　　146

8.1　連続写像 146

8.2　位相空間の同相 153

8.3　連結空間上の連続写像 158

8.4　コンパクト空間上の連続写像 161

　発展問題 164

第9章　データサイエンスへの応用　　165

9.1　各種データ間の距離 165

9.2　統計モデルへの位相の導入 173

付録 数学の準備　　　　　　　　　　　　182

　　A.1　論理式 182
　　A.2　論理と集合 184
　　A.3　論理式の否定 185

問・章末問題の解答例　　　　　　　　　　　187

参 考 文 献　　　　　　　　　　　　　　　197

あとがき　　　　　　　　　　　　　　　　201

索 引　　　　　　　　　　　　　　　　　　203

第 1 章
「集合と位相」入門

1.1 集合の世界

1.1.1 | 「もの」の集まり

数学では，「ある数がもつ条件」あるいは「複数個の数のあいだに成り立つ条件」に着目した議論が展開されることがある．たとえば，「3 は素数である」，「3 は 6 の約数である」などは，3 に関する条件の例である．

ある条件を満たす数は 1 つとは限らない．たとえば，「ある数は 10 以下の素数である」には「2, 3」などがあてはまる．一般的に，同じ条件を満たす「もの」の集まりは**集合** (set) とよばれる．「もの」は，数に加えて，関数，点，図形などの数学的な対象のほか，文字，記号，単語，物品，人物，動物などでもよい．なお，本書では，前半部分（集合編）で主に数からなる集合を，後半部分（位相編）で主に点からなる集合（**点集合**ともよばれる）を，それぞれ取り上げる．そして，本章の最後の節および最終章では，「集合と位相」の応用例として数以外の「もの」の集合を取り上げる．

ある集合に含まれる「もの」は，その集合の**元**あるいは**要素** (element) とよばれる．集合の元が有限個であるとき，その集合を**有限集合**とよび，そうでないときは**無限集合**とよぶ．たとえば，「6 のすべての約数の集合」は有限集合，「すべての整数からなる集合」は無限集合である．集合についての議論では「無限」が重要な概念の一つであり，本書では第 4 章で詳しく述べる．

1.1.2 | 数学の諸概念を表す「集合」

「もの」を集めただけの集合ではあるが，その表現能力は高い．数学のさまざまな概念，たとえば，論理，数，関数，関係，数列などは集合の記法を使っ

2   第 1 章 「集合と位相」入門

て表される．これらの概念の正確な表し方は，次章以降で詳しく述べることにして，ここではその概略を示す（理解のしやすさを優先したため，表記の厳密性を犠牲にしている）．

(1) 論理と集合

「x は 6 の約数である」は，x が「$1, 2, 3, 6$」のいずれかであるときに限り成り立つ（真になる）．変数（この例では x）を含む**条件**は**述語**ともよばれ，$p(x)$ などと表される[1]．$p(x)$ を真にする x の集まりは，その述語の**真理集合**とよばれる．これにより，x について述語 $p(x)$ が真になることと，x が真理集合の元であることが対応する．

さらに，「x は 9 の約数である」を述語 $q(x)$ としたとき，「$p(x)$ と $q(x)$ が同時に真になる」（$p(x)$ と $q(x)$ の**論理積**に相当）ための x は，$p(x)$ と $q(x)$ の 2 つの真理集合に共通に含まれている元「$1, 3$」である．これにより，x が $p(x)$ と $q(x)$ の論理積を真にすることと，x が $p(x)$ と $q(x)$ の真理集合の共通の元であることが対応する．

このように，論理の中で用いられる「述語，論理積，論理和，否定」などは，集合における「真理集合，共通部分，和集合，補集合」で表すことができる．論理で用いられる用語や記号は，数学の概念や用語を定義したり，証明のなかで用いられることから，本書で必要とされる内容を付録に記した．

(2) 関係・関数と集合

「$x > y$」や「x は y の約数である」といった 2 つの数についての関係は，関係が成り立つ「x と y の組」を元とする集合として表せる．たとえば，「$0 < x < 1, \ 0 < y < 1$」の場合，0.5 と 0.1，0.5 と 0.2 などが $x > y$ を満たす．「x と y の組」を平面座標上の点に対応させれば，$x > y$ を満たす点の集まりは次図 (a) となる．この図において，ある 2 つの数 x, y について $x > y$ が成り立つことと，x, y の組が同図 (a) の点集合に含まれることが対応する．

---

[1] 第 2 章以降では条件と述語は区別せずに用いる．

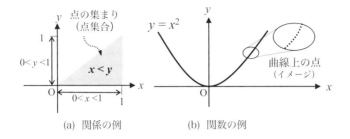

(a) 関係の例　　(b) 関数の例

そして，すべての実数 x について x^2 を対応づける関数 $y = x^2$ は，「x と x^2」を元とする点集合として上図 (b) のように描かれる．

なお，上図 (a),(b) では，点集合であることを視認しやすくするために，一つひとつの点を離ればなれに描いたが，厳密には隙間なく無数の点が領域内や線上に存在する．すなわち，これらの点集合は無限集合である．

(3) 図形と集合

平面図形や立体図形もまた点集合として表すことができる．たとえば，次図のように描かれた線分や円周は，線上の点からなる点集合として，内部の領域も含む多角形もまた点集合（領域内の点の集まり）として，それぞれ表される．同様に，立体図形についても，図形を構成する点集合として表される（内部が空洞の場合は表面上の点の集合）．そして，これら点集合はいずれも無限集合である．

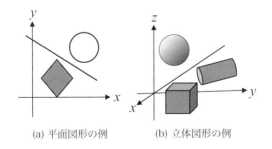

(a) 平面図形の例　　(b) 立体図形の例

このように，「もの」を集めただけの集合によって，数学のいくつかの概念が表せることはわかった．それでは，数列の極限，関数の連続性なども，集合だ

けで表せるのであろうか．実は，そのためには本書の後半で取り上げる「位相」を導入することで，これらの概念も含め，より多くの概念を表すことができるようになる．その「位相」の概要は 1.2 節で述べる．

1.2 位相の世界

1.2.1 集合のなかの構造

集合の表し方の一つが，集合に含まれるすべての元を括弧 $\{,\}$ で囲み，書き尽くすやり方で，たとえば「6のすべての約数の集合」は $\{1,2,3,6\}$ と表される．

この集合の元はいずれも，「6の約数」という条件をみたしていることから，たとえ $\{2,1,6,3\}$ や $\{6,3,2,1\}$ と書いても $\{1,2,3,6\}$ と同じ集合とみなされる．

しかしながら，$\{1,2,3,6\}$ の元どうしを比べてみれば，「$1<2<3<6$」といった大小関係や，「2 は 1 で整除される」，「6 は 3 で整除される」といった関係[2]が成り立つ．

これらの関係を導入すれば，集合の元どうし関係を上図のように並べて表すことができる．これにより，その集合のもつ特性が新たにみえてくる．

このように，集合とその元についての関係や関数などを組にしたものは，**数学的構造**とよばれている．本書の後半で述べる「位相」はまさにこのような構造の一つである．集合に関係や関数などの数学的概念を導入することを構造を導入する（与える）とよぶことにする

1.2.2 同じ形の点集合

前節で，図形が点集合として表されることを述べた．図形をこのように捉え

---

[2] 整除 x を整数 y で割ったときの商が整数であるとき，x は y で整除されるという．

ると，点の並び方，言い換えれば，点と点が隣接している様子（直線的あるいは曲線的に連なるなど）によって，図形の形状が特徴づけられる．

たとえば，下図の 6 つの図形をみてほしい．これらは合同な図形ではない．

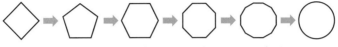

正方形　正 5 角形　正 6 角形　正 8 角形　正 12 角形　円

しかしながら，正方形，正 5 角形，正 6 角形と辺（線分）が増えるほど円に近づいていく．正多角形を構成している各辺を，徐々に曲線に変形することで，円に近付けられるともいえる．この他に，自在に伸縮させられるゴム膜（板）あるいは風船の表面に正方形を描いておき，ゴム膜を伸ばしたり縮めたりすることで円の形に近づける変形も考えられる．このような変形において，注目すべきことは，図形を構成している点が変更前と変更後とで過不足なく保存されていること（点の 1 対 1 対応），さらには，もともと離れていた点は変更後も離れたままに，近かった点は変更後も近くにあること（点の並び順の保存）である．この「点の 1 対 1 対応」と「点の並び順の保存」を条件として，図形の等価性を定めたのが**位相同型** (homeomorphic) である．

この位相同型は，立体図形にも適用できる．なかでも位相同型の代表例として，しばしば取り上げられるものとして下図のコーヒーカップとドーナツ[3]が挙げられる[4]．コーヒーカップを粘土のように加工しやすい材料で作っておけば，取っ手部分を残しながら器（液体をいれる部分）を潰して棒状に変形することでドーナツにすることができるだろう．

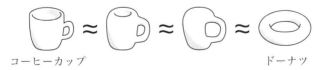

コーヒーカップ　　　　　　　　　　　　　ドーナツ

少数の事例を示しただけではあるが，位相同型である図形どうしでは，たとえ形状や大きさは異なっていても，両者に共通な条件がみられることがわかるであろう．第 7 章では，そのような条件に着目して考察が行われる．

---
[3] 数学的には**トーラス** (torus) とよばれている．
[4] 図中の「≈」は位相同型を表す記号である（定義 8.3）．

6　第 1 章　「集合と位相」入門

1.2.3 ユークリッド空間から位相空間へ

　前項では，長さや大きさ，直線や曲線にかかわりなく，外観上は異なる図形どうしを「同じ」とみなすための新たな見方を示した．それは，これまでの図形の合同関係が「点どうしの距離（線分の長さ）」に着目した見方であるのに対して，新たな見方では「点どうしの近さ」に着目したものである．本書の後半で，この見方の違いについて詳しく論じるが，ここでは概略について述べておく．

　「点どうしの距離」を線分の長さとして定められた点集合が**ユークリッド空間** (Euclidean space) である．ユークリッド空間における点は n 個の実数の組で表される（平面図形の場合は $n = 2$，立体図形の場合は $n = 3$）．そして，距離を線分の長さに限定せずに，いくつかの条件を満たした方法で測ることにした集合は**距離空間** (metric space) とよばれる．ユークリッド空間における距離は，この条件を満たしており，ユークリッド空間を一般化したものが距離空間といえる．

　さらに，距離空間を一般化して，考察の対象を図形に含まれる点に限定せずに一般的な「もの」としたのが**位相空間** (topological space) である．そこでは，「もの」どうしを距離ではなく「近さ」の概念の代わりに特定の性質をもつ集合の体系を導入し，考察する．このような位相空間のもとでの議論は，集合の元がもつ固有な特性をできるだけ捨象し，より抽象化・一般化した形式で行われる．そのため，内容が抽象的になりすぎて，概念や定義・定理の意味や役立て方がわかにくく感じるかもしれない．それは，個別の課題解決にとどまらず，より広い分野での課題の解決に役立つ理論の構築・適用のためだからだと理解して欲しい．

　コラム：位相とは . . . .

　　トポロジー (topology) は，ギリシャ語のトポス（topos：場所）とロゴス（logos：ことば）に由来し，**位相**はトポロジーの訳語として，「位置」と「様相」からの熟語とされている [4]．

　　なお，物理学においては，単振動や波動のような周期動作の進行状態を表す言葉として「位相」が使われている．

　. . . . .

第 2 章
集合の基礎

2.1　ものの集まりと表し方

本章では，第1章で導いた用語をあらためて示す.

2.1.1　「もの」の集まり

ある条件を満たす「もの」の集まりを**集合** (set) という．たとえば，「すべての自然数」，「$x^2 = 2$ を満たす実数」などが条件として与えられれば集合がつくられる．一方，「大きな数」や「0に近い数」などからは集合をつくることはできない．ある数が「大きな数」や「0に近い数」という条件をみたすのかが定まらないためである[1].

集合のなかの「もの」は，**元**または**要素** (element) という．一般に，集合は A, B などの英大文字で，元は x, y など英小文字で，それぞれ表される．集合 A の元が x であるとき，x が A に属する，x は A に含まれるなどという．

なお，「ものの集まり」といえども，ただ1つの元からなる集合を**1元集合** (singleton set)，元が1つもない集合を**空集合** (empty set) とよび，これらも議論の対象とする.

> **問 2.1**　1元集合と空集合の例をそれぞれ挙げなさい.

2.1.2　集合の表し方

集合について論じるにあたり，集合に関する用語や記法を以下のとおり定める.

---

[1] 具体的な対象（数など）をあてはめたときに，成り立つ・成り立たない（真・偽）が定まる文や式が条件（性質ともよばれる）である.

8   第 2 章　集合の基礎

定義 2.1　集合の用語と記法

1) **空集合** (empty set)　$\emptyset$ または $\{\}$：元を 1 つも含まない集合.

2) $\boldsymbol{a \in A}$：a が集合 A に属する.　$\boldsymbol{A \ni a}$ とも書く.

3) $\boldsymbol{a \notin A}$：a は集合 A に属さない.　$\boldsymbol{A \not\ni a}$ とも書く.

4) **外延的記法** (extension notation)　$\boldsymbol{\{a, b, c, \dots\}}$
$a, b, c, \dots$ が元である集合を表す記法.

5) **内包的記法** (comprehension notation)　$\boldsymbol{\{x \mid p(x)\}}$
条件 $p(x)$ を満たすすべての x の集合を表す記法.

集合に属する元を列挙するのが外延的記法であり，集合に属する元が満たす
条件を明記するのが内法的記法である．ここで，$p(x)$ は，「x は自然数である」
などといった x が満たすべき条件を表す．なお，「$p(x)$ を満たすすべての x」を
「$p(x)$ を満たす全体」ともいう.

【外延的記法の表記上の注意】

- 同じ元は含めない．例：$\{1, 2, 1\}$ は $\{1, 2\}$ と表す.
- 元の列挙順は問わない．例：$\{1, 2, 3\}$ と $\{1, 3, 2\}$ は同じ集合.
- 元と集合を区別する．例：$\{1\}$ と $\{\{1\}\}$ は異なる.
  $\{1\}$ の元は 1 であるが，$\{\{1\}\}$ の元は $\{1\}$ である.
- 空集合は（集合の）元になる．例：$\emptyset$ と $\{\emptyset\}$ は異なる集合を表す.
  $\emptyset$ は元を 1 つも含まない空集合だが，$\{\emptyset\}$ は $\emptyset$ を元として含む.

【内法的記法の表記上の注意】

- 元を x 以外の文字，たとえば，y を用いて $\{y \mid p(y)\}$ としても，$\{x \mid p(x)\}$
  と同じ集合を表す.
- 複数個の条件 p, q, r について，$\{x \mid p(x), q(x), r(x)\}$ は，3 つの条件を同
  時に満たす x の集合を表す（「,」は「かつ (and)」を表す）.

2.1 ものの集まりと表し方　9

- 集合 A の元 x であって，$p(x)$ を満たすすべての集合は $\{x \mid x \in A, p(x)\}$ または，$\{x \in A \mid p(x)\}$ と書く．

問 2.2　次の各集合を【　】で指定された記法に直しなさい．

　(a) $\{y \mid y = 2x + 1,\ 0 \le x \le 5, x$ は整数 $\}$ 【外延的記法】

　(b) $\{x \mid \sin x = 0,\ 0 \le x \le 2\pi\}$ 【外延的記法】

　(c) $\{1, 2, 4, 8, 16, 32\}$ 【内包的記法】

　(d) $\{1, -2, 3, -4, 5\}$ 【内包的記法】

2.1.3 │ 考察の対象となる元の全体

　考察の対象となる元を，特定の集合に属するものと定めるとき，その集合を**全体集合** (universal set) という．全体集合は，自然数や整数のように数の分類をもとに定められることが多く，そのために次の記号が用いられる．

定義 2.2　数の分類

$\mathbb{N} = \{0, 1, 2, 3, \ldots\}$…自然数全体の集合（0 も含める）

$\mathbb{Z} = \{\ldots, -3, -2, -1, 0, 1, 2, 3, \ldots\}$…整数全体の集合

$\mathbb{Z}^{+} = \{1, 2, 3, \ldots\}$…正整数全体の集合

$\mathbb{Z}^{-} = \{\ldots, -3, -2, -1\}$…負整数全体の集合

$\mathbb{Q} = \left\{ \dfrac{n}{m} \,\middle|\, m, n \in \mathbb{Z}\ \text{かつ}\ m \neq 0 \right\}$…有理数全体の集合

$\mathbb{R} = \{x \mid x$ は実数 $\}$…実数全体の集合

【例 2.1】全体集合と集合の元

　全体集合が異なれば，集合に属する元も異なる．たとえば，条件が $x^2 = 2$ のとき，全体集合を $\mathbb{R}$ とした場合，すなわち，$\{x \in \mathbb{R} \mid x^2 = 2\}$ の元は $\sqrt{2}$ と $-\sqrt{2}$ である．一方，全体集合が $\mathbb{Z}$ の場合，すなわち，$\{x \in \mathbb{Z} \mid x^2 = 2\}$

10　第 2 章　集合の基礎

は空集合となる.

議論する上で, 差し支えない範囲で全体集合が省略されることもある.

問 2.3　全体集合が次の (a), (b) の場合について, 条件「$x^2 + y^2 = 1$」を満たす x, y の組の個数をそれぞれ答えよ.
(a) x, y がともに整数　　(b) x, y がともに自然数

全体集合は**空間** (space) ともよばれることもある. このとき, 空間の元を**点** (point), 点からなる集合を**点集合** (point set) とよぶ.

特に数直線上の点集合を表すために次の記法が用いられる.

定義 2.3　数直線上の区間

閉区間	$[a, b] = \{x \mid x \in \mathbb{R}, a \leqq x \leqq b\}$	(2.1)
右半開区間	$[a, b) = \{x \mid x \in \mathbb{R}, a \leqq x < b\}$	(2.2)
開区間	$(a, b) = \{x \mid x \in \mathbb{R}, a < x < b\}$	(2.3)
左半開区間	$(a, b] = \{x \mid x \in \mathbb{R}, a < x \leqq b\}$	(2.4)

さらに, 記号 ∞ (正の無限大), $-\infty$ (負の無限大) を導入すると, 区間 $(-\infty, \infty)$ は $\mathbb{R}$ と同じになる. なお, $\infty, -\infty$ を含む区間は開区間 (半開区間) となる. そのため, $[-\infty, \infty]$ や $[0, \infty]$ は誤記である.

【例 2.2】平面上の点集合

平面上の点集合として, 次図に示す中心 $(0, 0)$, 半径 r の円の例を示す. 集合 $C = \{(x, y) \mid x \in \mathbb{R}, y \in \mathbb{R}, x^2 + y^2 = r^2\}$ は同図右の円周上の点の集まりである. また, 集合 $D = \{(x, y) \mid x \in \mathbb{R}, y \in \mathbb{R}, x^2 + y^2 < r^2\}$ は円周を除いた内部の点の集まりである (破線は円周を除くことを表す). なお, 数直線や平面を考える場合, 全体集合は省略されることが多く, $C = \{(x, y) \mid x^2 + y^2 = r^2\}$ などと表される.

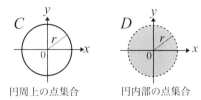

円周上の点集合　　円内部の点集合

問 2.4 次の点集合の元を座標平面（直交座標系）に描きなさい．
(a) $\{(x,y) \mid x \in \mathbb{R}, y \in \mathbb{R}, |x|+|y|=1\}$
(b) $\{(x,y) \mid x \in [0,1], y \in [0,1]\}$
(c) $\{(x,y) \mid x \in \mathbb{R}, y \in \mathbb{R}, 0 \leqq x-y \leqq 1\}$

2.1.4 図による表し方

数直線上や平面上の点集合は，例 2.2 のように図として描かれることもあるが，一般的な集合の場合には右図の**ベン図** (Venn[2]) diagram) が用いられる．1 つの集合は属する元を取り囲む円（あるいは閉曲線）として，全体集合 U はすべての元を取り囲む長方形として，同図 (a) のように表される．同図 (b) のように全体集合が省略されたり，集合の元が省略されることもある．特に，無限集合の場合，元をすべて書き並べるわけにはいかないため，代表的な元のみを記したり，領域だけを描く．

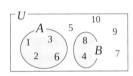
(a) 全体集合と 2 つの集合

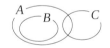
(b) 共通の要素をもつ集合

共通の元をもつ集合どうしは重なるように描くため，同図 (b) の場合，集合 B のすべて元が集合 A の元でもあること，集合 A と集合 C には共通の元があることを表す．一方，共通な元がない場合は，同図 (a) の A と B のように交わらないように描く．

問 2.5 全体集合を $\{x \in \mathbb{N} \mid 0 < x < 10\}$ のとき，$A = \{x \mid x$ は 3 の倍数 $\}$，$B = \{x \mid x$ は偶数 $\}$，$C = \{x \mid x$ は 4 の倍数 $\}$ をベン図で描け．

---

[2] John Venn (1834–1923). イギリスの数学者．

12   第 2 章　集合の基礎

2.2　有限集合と無限集合

集合に属する元の個数をもとに，集合は次の 2 種類に大別される.

有限集合 (finite set)　　元が有限個（0 個も含む）である集合

無限集合 (infinite set)　　元が有限個ではない集合

定義 2.4　集合の濃度

集合 A の元の個数は**濃度** (cardinality) あるいは**基数** (cardinal number) とよばれ，$|A|$ あるいは **card(A)** と表す.

有限集合の場合，濃度は自然数となるが，無限集合も含めた一般的な濃度については，4.3 節で詳しく述べる.

【**例 2.3**】有限集合の濃度

$$|\{2,4,6,8\}| = 4 \qquad |\varnothing| = 0 \qquad |\{\{1,2\},\{1\},\{2\}\}| = 3$$

問 **2.6**　次の (a)〜(f) から有限集合を選びそれぞれの濃度を求めよ.

(a) $\{7,4,2,3\}$　　　(b) $\{x | x \in \mathbb{Z}, -1 \leqq x \leqq 1\}$　　　(c) $[-1,1)$

(d) $\{x | x \in \mathbb{R}, 0 \leqq x \leqq 1\}$　　　(e) $\{\varnothing\}$　　　(f) $\{\varnothing, \{\varnothing\}, \{\varnothing, \{\varnothing\}\}\}$

2.3　集合どうしの関係

2.3.1　包含関係

複数個の集合について考察するときに重要視されるのが**部分集合** (subset) にもとづいた集合上の**包含関係**である.

定義 2.5　部分集合

集合 A のすべての元が集合 B の元でもあるとき，「A は B の**部分集合**である」あるいは「A は B に含まれる，B は A を含む」といい，$\boldsymbol{A \subset B}$

で表す.

【例 2.4】 部分集合

たとえば, $\{2,4\} \subset \{1,2,3,4,5\}$ が成り立つ. このことはベン図では右図のよう描かれる. $\{1,2,3,4,5\}$ が $\{2,4\}$ を含んでいることがわかる.

また, 右図下のように, $\{x \mid x \in \mathbb{R}, -5 < x < 5\}$ は $\{x \mid x \in \mathbb{R}, -10 < x < 10\}$ の部分集合である.

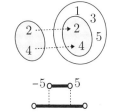

ある集合の部分集合は, その集合からいくつかの元を取り除いてできる集合といえる. たとえば, $\{1,2,3,4\}$ から 1 と 4 を取り除くと部分集合 $\{2,4\}$ ができる. このことから, 一般的に, 濃度 n の集合 A の部分集合は, A のなかから, $0, 1, 2, \ldots, n$ 個の元を取り出すことでできる. 0 個や n 個に違和感を覚えるかもしれないが, 数学の議論では特別な場合もしばしば考慮する. この結果, 一般的に任意の集合 A について次式が成り立つ.

$$A \subset A \qquad \emptyset \subset A \tag{2.5}$$

このうち, 前者は「どの集合も自分自身が部分集合である」ことを, 後者は「空集合は任意の集合の部分集合である」ことを, それぞれ表す.

【例 2.5】 部分集合

集合 A, B, C について,

$$A \subset B \text{ かつ } B \subset C \text{ ならば, } A \subset C \tag{2.6}$$

が成り立つことは, 次のように証明される. $A \subset B$ より, B の元のなかには A のすべての元が含まれる. さらに, $B \subset C$ より, B のすべての元 (A のすべての元も含まれている) は C の元でもある. したがって, A の元 (B の元でもある) はすべて C の元であり, $A \subset C$ が成り立つ.

以下, 「$A \subset B$ かつ $B \subset C$」を, $A \subset B \subset C$ と略記する.

14   第 2 章　集合の基礎

定義 2.6　真部分集合

$A \subset B$ かつ $A \neq B$ であるときは，A は B の**真部分集合** (proper subset) といい，$A \subsetneqq B$ と書く．

なお，真部分集合のときに $\subset$ を用い，そうで無いときには $\subseteq$ を用いることもある．注意すべきことは，$A \subsetneqq B$ であるとき，「$x \notin A$ かつ $x \in B$ である元 x が存在する」ことである．

$\boxed{問\ 2.7}$　集合 A, B, C について，次式が成り立つことを証明せよ．

$$A \subsetneqq B \text{ かつ } B \subset C, \text{ ならば，} A \subsetneqq C \tag{2.7}$$

2.3.2 | 等しい集合

2 つの集合 A, B が等しいことは次のように定義される．

定義 2.7　集合の等価性

任意の A の元 x は B の元（$x \in A$ ならば $x \in B$）であり，かつ，任意の B の元 x は A の元（$x \in B$ ならば $x \in A$）であるとき，2 つの集合は等しいといい，$\boldsymbol{A = B}$ と表す．

この定義より，次の命題が成り立つ．

命題 2.1　集合の等価性

$$A = B \iff A \subset B \text{ かつ } B \subset A \tag{2.8}$$

一般的に，2 つの集合が等しいことを証明するには，双方が（他方の）部分集合になっていることを示せばよい．

2.3 集合どうしの関係　　15

【例 2.6】 集合の等価性

集合 A または B が空集合である場合にも式 (2.8)が成り立つことは，次のことからいえる.

$A = \varnothing$ の場合，$B \subset A$ が成り立つのは $B = \varnothing$ の場合であることから，$A = B = \varnothing$ である．一方，$B = \varnothing$ の場合には，$A \subset B$ が成り立つのは $A = \varnothing$ のときであり，$A = B = \varnothing$ である.

問 2.8　次の集合 $A, B, \ldots, G$ のなかから，等しい集合どうしを見つけよ．ここで，$[0, 2]$ と $(1, 3)$ は区間であることに注意せよ.

$$A = \{x \mid x^2 - 3x + 2 = 0\}, \quad B = [0, 2], \quad C = \{1, 2\},$$
$$D = \{x \mid x \in \mathbb{Z}, 0 < x < 3\}, \quad E = (1, 3),$$
$$F = \{x \mid x^2 - 4x + 3 < 0\}, \quad G = \{1, 3\}.$$

問 2.9　集合 A, B, C について，次式が成り立つことを証明せよ.

$$A \subset B \subset C \text{ かつ } C \subset A, \text{ ならば，} A = B = C \tag{2.9}$$

2.3.3 部分集合の集まり

集合に関する議論では，集合を元とする集合[3] を考えることがある．特に，ある集合の部分集合の集まりが取り上げられることが多い.

定義 2.8　ベキ集合

集合 X の部分集合全体の集合を $\mathscr{P}(X)$ または 2^X と表し，X の**ベキ集合** (power set) という.

$$\mathscr{P}(X) = \{A \mid A \subset X\} \tag{2.10}$$

---

[3] 集合を元とする集合は**集合族**とよばれる[1]．本書では 3.7 節において添字づけられた集合族としてこの用語を用いる.

16　第 2 章　集合の基礎

　特に，$\mathscr{P}(X)$ の部分集合（X のいくつかの部分集合）を X の**部分集合系** (system of subsets) という．

　有限集合 A $(|A| = n)$ の部分集合は，A から元を「0 個除く，1 個除く，2 個除く，$\cdots$，n 個除く」ことでできる集合である．

【例 2.7】ベキ集合
　$A = \{1, 2\}$ の場合，部分集合は次の 4 つである．

$$0 \text{ 個除く} \cdots \{1, 2\}, \quad 1 \text{ 個除く} \cdots \{2\}, \{1\}, \quad 2 \text{ 個除く} \cdots \varnothing$$

　したがって，A のベキ集合 $\mathscr{P}(A)$ は次のとおり．

$$\mathscr{P}(A) = \{\{1, 2\}, \{2\}, \{1\}, \varnothing\}$$

なお，$\mathscr{P}(\varnothing) = \{\varnothing\}$ である．

命題 2.2　有限集合のベキ集合の濃度
　有限集合 A のベキ集合 $\mathscr{P}(A)$ の濃度について，次式が成り立つ．

$$|\mathscr{P}(A)| = 2^{|A|} \tag{2.11}$$

さきの例の場合，$|\mathscr{P}(\{1, 2\})| = 2^2 = 4$ である．
また，有限集合 A については，次の不等式が成り立つ．

命題 2.3　有限集合の濃度とベキ集合の濃度
　有限集合 A について，次式が成り立つ．

$$|A| < |\mathscr{P}(A)| \tag{2.12}$$

問 2.10　有限集合 A について，$|\mathscr{P}(A)| = 2^{|A|}$ を証明せよ．

2.4 集合どうしの演算

2.4.1 共通部分

定義 2.9 共通部分
集合 A, B に対して，どちらにも属する元をすべて集めてできる集合を，A と B の**共通部分**または**交わり** (intersection) といい，$\boldsymbol{A \cap B}$ と表す．
$$A \cap B = \{x \mid x \in A \text{ かつ } x \in B\} \tag{2.13}$$

ベン図の場合，右図のように共通な領域が $A \cap B$ にあたる．特に，$A \cap B = \emptyset$ であるとき，すなわち，2 つの集合に共通な元が 1 つもないならば，A と B は**交わらない**，または**互いに素** (disjoint) であるという．この場合，ベン図において 2 つの集合の領域は重ならない．

【例 2.8】共通部分
$\mathbb{Z}_{\text{even}} = \{x \mid x \in \mathbb{Z}, x \text{ は偶数}\}$，$\mathbb{Z}_{\text{odd}} = \{x \mid x \in \mathbb{Z}, x \text{ は奇数}\}$ であるとき，$\mathbb{Z}_{\text{even}} \cap \mathbb{Z}_{\text{odd}} = \emptyset$ であり，互いに素である．
また，いくつかの区間の共通部分の例を次に示す．
$$[-1, 1] \cap [-2, 2] = [-1, 1], \quad (-\infty, 0] \cap [0, \infty) = \{0\}$$

問 2.11 集合 A, B について，次式をそれぞれ証明せよ．
$$A \cap B \subset A, \quad A \cap B \subset B \tag{2.14}$$

2.4.2 和集合

定義 2.10 和集合
集合 A, B の少なくとも一方に属する元をすべて含めた集合を，A と B

の**和集合** (sum) あるいは**合併** (union) とよび，$A \cup B$ と表す．

$$A \cup B = \{x \mid x \in A \text{ または } x \in B\} \tag{2.15}$$

ベン図では，右図のように A と B を合わせた領域が $A \cup B$ である．なお，両方に含まれている元は1つのみ含める．

【例 2.9】和集合

さきの例の $\mathbb{Z}_{\text{even}}$ と $\mathbb{Z}_{\text{odd}}$ について，$\mathbb{Z}_{\text{even}} \cup \mathbb{Z}_{\text{odd}} = \mathbb{Z}$．
また，いくつかの区間の和集合についての例を次に示す．

$$[-1, 0] \cup [0, 1] = [-1, 1], \quad (-\infty, 0] \cup [0, \infty) = \mathbb{R}$$

問 2.12 集合 A, B, C について，次式が成り立つことを示しなさい．

$$A \subset B \text{ かつ } B \subset C \Longrightarrow A \cup B \subset C \tag{2.16}$$

【例 2.10】集合どうしの関係

集合 A, B について，$A \cup (A \cap B) = A$ が成り立つ．そのために，$A \cup (A \cap B) \subset A$ かつ $A \cup (A \cap B) \supset A$ であることを示す．
$x \in (A \cup (A \cap B))$ であるとき，x は A または $A \cap B$ の元であり，いずれの場合にも $x \in A$ なので，$A \cup (A \cap B) \subset A$．
一方，$x \in A$ であるとき，$x \in A \cup (A \cap B)$ であり，$A \cup (A \cap B) \supset A$．
以上のことから，$A \cup (A \cap B) = A$ が証明された．

問 2.13 $A \cap (A \cup B) = A$ を証明せよ．

一般に互いに素な集合 A, B について $A \cup B$ を A と B の**直和** (direct sum) とよび $A + B$ とかく．

2.4.3 | 集合の演算法則

集合の共通部分と和集合については，次のような演算法則が成り立つ．

命題 2.4　集合の演算法則

ベキ等法則	$A \cap A = A$	$A \cup A = A$	(2.17)
	$A \cap \emptyset = \emptyset$	$A \cup \emptyset = A$	(2.18)
交換法則	$A \cap B = B \cap A$	$A \cup B = B \cup A$	(2.19)
吸収法則	$A \cup (A \cap B) = A$	$A \cap (A \cup B) = A$	(2.20)
結合法則	$(A \cap B) \cap C = A \cap (B \cap C)$		(2.21)
	$(A \cup B) \cup C = A \cup (B \cup C)$		(2.22)
分配法則	$A \cap (B \cup C) = (A \cap B) \cup (A \cap C)$		(2.23)
	$A \cup (B \cap C) = (A \cup B) \cap (A \cup C)$		(2.24)

このうち，吸収法則は例 2.10 と問 2.13 で証明した．その他については例と問を通じて証明していく（自明なものは除く）．

【例 2.11】 結合法則

式 (2.21)の結合法則 $(A \cap B) \cap C = A \cap (B \cap C)$ を証明しよう．

まず，$(A \cap B) \cap C \subset A \cap (B \cap C)$ を示す．$x \in (A \cap B) \cap C$ であれば，$x \in (A \cap B)$ かつ $x \in C$ であることから，$x \in A, x \in B, x \in C$ が同時に成り立ち，$x \in A$ かつ $x \in (B \cap C)$ でもある．よって，$x \in A \cap (B \cap C)$ より，$(A \cap B) \cap C \subset A \cap (B \cap C)$ が成り立つ．

次に $(A \cap B) \cap C \supset A \cap (B \cap C)$ を示す．x が $A \cap (B \cap C)$ の元であれば，$x \in A, x \in B, x \in C$ が同時に成り立つ．よって，$x \in (A \cap B)$ かつ $x \in C$ でもあり，$x \in A \cap (B \cap C)$ である．したがって，$x \in A \cap (B \cap C)$ が成り立ち，$(A \cap B) \cap C \supset A \cap (B \cap C)$ である．

以上のことから，$(A \cap B) \cap C = A \cap (B \cap C)$ が証明された．

問 2.14 式 (2.22) の $(A \cup B) \cup C = A \cup (B \cup C)$ を証明せよ

2.4.4 差集合と補集合

定義 2.11　差集合

集合 A, B について，A から B の元をすべて差し引いてできる集合を**差集合** (difference) といい，$\boldsymbol{A - B}$ または $\boldsymbol{A \backslash B}$ と表す．すなわち，

$$A - B = \{x \mid x \in A \text{ かつ } x \notin B\} \tag{2.25}$$

$A - B$ は，A の元ではあるが B の元でないものからなる集合にあたる．

【例 2.12】差集合

集合 A, B について，次式が成り立つことを示そう．

$$A \supset B \Longrightarrow A - (A - B) = B \tag{2.26}$$

$C = A - B$ とおき，(1) $A - C \subset B$ と (2) $A - C \supset B$ によって示す．

(1) $A - C = \emptyset$ の場合，明らかに $A - C \subset B$ である．$A - C \neq \emptyset$ の場合，$A - C$ の元 x は，$x \in A$ かつ $x \notin C (= A - B)$ なので，$x \in B$．したがって，$A - C \subset B$．

(2) $B = \emptyset$ の場合，明らかに $A - C \supset B$ である．$B \neq \emptyset$ の場合，B の元 y は，$y \in A$ かつ $y \notin C (= A - B)$ なので，$y \in A - C$．したがって，$A - C \supset B$．

以上のことから $A - C = B$．

問 2.15 $A = (-\infty, 0], B = [0, \infty)$ のとき，$A - B$ と $B - A$ を求めよ．

問 2.16 次式が成り立つことを示せ．

$$A - B = A \iff A \cap B = \emptyset \tag{2.27}$$

定義 2.12　補集合

集合 A, B について, $A \supset B$ のとき, $A - B$ を A に対する B の**補集合** (complement) という. さらに, 全体集合 U とその部分集合 A について, $U - A$ を, 単に A の補集合といい, $\boldsymbol{A^c}$ と表す. すなわち,

$$A^c = \{x \mid x \in U \text{ かつ } x \notin A\} \tag{2.28}$$

この定義より, 次のことが成り立つ.

命題 2.5　補集合

A を全体集合 U の部分集合とする.

$$x \in A \iff x \notin A^c \tag{2.29}$$
$$A \cup A^c = U, \quad A \cap A^c = \varnothing \tag{2.30}$$
$$\varnothing^c = U, \quad U^c = \varnothing \tag{2.31}$$

【例 2.13】点集合の補集合

$x^2 + y^2 \leqq 1$ の内部（円周も含む）からなる点集合を下図の D とすれば, その補集合は同図の D^c となり, 円周上の点は含まれない. そのため, 円周を破線として描いている.

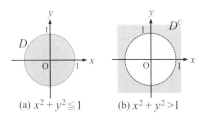

(a) $x^2 + y^2 \leqq 1$　　(b) $x^2 + y^2 > 1$

問 2.17　$\mathbb{Z}$ を全体集合としたときの「$\mathbb{N}$ の補集合」ならびに, $\mathbb{R}$ を全体集合としたときの「無理数全体の集合の補集合」をそれぞれ答えよ.

22   第 2 章　集合の基礎

【例 2.14】部分集合と補集合

集合 A, B の全体集合が U であるとき，次式がなりたつ．

$$A \subset B \Longrightarrow A^c \cup B = U \tag{2.32}$$

このことは次のように証明される．A, B は U の部分集合であるため，$x \in A^c$ ならば $x \in U$ であり，$x \in B$ であれば $x \in U$ であることから，$A^c \cup B \subset U$．また，U のすべての元 x は，$x \in A$ または $x \notin A$ である．もし，$x \in A$ ならば仮定 $A \subset B$ から $x \in B$ であり，$x \in A^c \cup B$．一方，$x \notin A$ ならば，$x \in A^c$ であり，$x \in A^c \cup B$．したがって，$U \subset A^c \cup B$．以上のことから，$A \subset B \Longrightarrow A^c \cup B = U$ が成り立つ．

問 2.18　例 2.14 を用いて，次式を証明せよ．

$$A \subset B \iff A^c \cup B = U \tag{2.33}$$

命題 2.6　ド・モルガンの法則

全体集合 U の部分集合 A, B について，次の**ド・モルガン (de Morgan) の法則**が成り立つ．

$$(A \cup B)^c = A^c \cap B^c \tag{2.34}$$
$$(A \cap B)^c = A^c \cup B^c \tag{2.35}$$

[証 明]

式 (2.34)の証明：$x \in (A \cup B)^c$ であれば，$x \notin (A \cup B)$ であり，$x \notin A$ かつ $x \notin B$ である．よって，$x \in A^c$ かつ $x \in B^c$ より，$x \in (A^c \cap B^c)$ であることから，$(A \cup B)^c \subset A^c \cap B^c$．同様にして，$(A \cup B)^c \supset A^c \cap B^c$ が示されることから，式 (2.34)が成り立つ．　　　　　　　　　□

問 2.19　ド・モルガンの法則の式 (2.35)が成り立つことを示せ．

2.4 集合どうしの演算 23

┌─────────────────────────────────┐
│ コラム：集合の逆理（パラドックス）[1,4] │
└─────────────────────────────────┘ ....

　集合は $\{x \mid p(x)\}$ によって表される．実は，この書き方をもとに考えて
いくと不都合なこともある．たとえば，$p(x)$ を「x は集合である」として
みると，$X = \{x \mid p(x)\}$ は「すべての集合からなる集合」，すなわち，集
合全体を表す．その場合，X は X の元であり，$X \in X$ が成り立つ．つま
り，この X は自分自身をも含んでいる．はたして，この X は集合として
扱えるのだろうか．Cantor[4] は，任意の集合 A の濃度は，そのベキ集合
$\mathscr{P}(A)$ の濃度と異なる（$|A| < |\mathscr{P}(A)|$）ことを証明している．それによれ
ば，集合全体を集合とすれば矛盾が生じてしまう．このことは，**Cantor
の逆理**（Cantor's paradox）とよばれる[5]．

　自分自身を元として含めることで不都合になるのであれば，自分自身を元
として含まない集合 x の集まり，すなわち，$R = \{x \mid x \notin x\}$ はどんな集合
になるのだろう．はたして，この R は集合なのだろうか．実は，この場合
でも矛盾となってしまう．このことは **Russell の逆理**（Russell's paradox）
とよばれている．

　いずれの場合においても，集合の元として「任意のもの」を考えたから
矛盾が生じている．そのため，「自分自身は元として扱わない集合」のみを
考えることにして，矛盾を回避しているのが**素朴集合論**（naive set theory）
である．本書はこれに従い，$\{x \in A \mid p(x)\}$ のように全体集合 A を明確に
定め，その元や部分集合について，議論を進めていく．

　集合における逆理を避ける方法には，矛盾が生じないように公理系を定
義して議論する**公理的集合論**（axiomatic set theory）がある．これについ
ては専門書を参考にされたい．

....

─────────────────────

[4] Georg Cantor (1845–1918) ドイツ人の数学者．集合論の創始者．
[5] 一般に容認される前提から，反駁しがたい推論によって，一般に容認しがたい結論を導く論説
を**逆理**（パラドックス）という[1]．

24   第 2 章 集合の基礎

■ 発 展 問 題 ■

2.1 有限集合 A について，$|A| < |\mathscr{P}(A)|$（命題 2.12）が成り立つことを示せ．

2.2 集合 A, B, C について，分配法則式 (2.23) と式 (2.24) を示せ．

2.3 集合 A, B について，次式が成り立つことを証明せよ．

$$A \subset B \iff A \cup B = B \tag{2.36}$$

2.4 集合 M, A, B について，次式が成り立つことを示せ．

$$M - (A \cup B) = (M - A) \cap (M - B) \tag{2.37}$$
$$M - (A \cap B) = (M - A) \cup (M - B) \tag{2.38}$$

2.5 集合 A, B, C について，差集合を求める演算「$-$」だけを用いて，次の各集合を表しなさい．

$$\text{(a) } A - (B \cup C) \qquad \text{(b) } (A - B) \cup (A \cap C) \tag{2.39}$$

第 3 章
集合と写像

3.1 集合と写像

本章では，複数個の集合が与えられたとき，ある集合の元を他の集合の元に対応づける規則を定める写像について考える．そのために，直積から述べていく．

3.1.1 集合の直積

定義 3.1 順序対と直積

集合 A, B，それぞれから選ばれた元 $a \in A$ と $b \in B$ を (a, b) と表し，**順序対** (orderd pair) とよぶ [1]．これにより作られる順序対全体を A と B の**直積** (direct product, Cartesian product) といい，$\boldsymbol{A \times B}$ と表す．

$$A \times B = \{(a, b) \mid a \in A, b \in B\} \tag{3.1}$$

直積として，$A \times B$ ではなくて $B \times A$ を考える場合，その元は (b, a) となる．すなわち，次式となることから直積を考える際には，順序が大切である．

$$B \times A = \{(b, a) \mid a \in A, b \in B\} \tag{3.2}$$

【例 3.1】 平面と空間の座標

座標平面上の任意の点 (a, b) は，$\mathbb{R} \times \mathbb{R}$ の元であることから直積 $[-1, 1] \times [-1, 1]$ に含まれる点を描画したのが次図 (a) である．なお，空間の任意の点は，$\mathbb{R} \times \mathbb{R} \times \mathbb{R}$ の元にあたる．

また，$A = \{1, 2, 3\}$，$B = \{1, 2\}$ の場合，直積 $A \times B$ の外延的記法は

---

[1] 順序対の標記は，数直線上の開区間の表記と混同しやすいので注意すること．

$\{(1,1),(1,2),(2,1),(2,2),(3,1),(3,2)\}$ である．この $A \times B$ と $B \times A$ のそれぞれの元を座標平面上に図示したのが次図 (b) と (c) である．

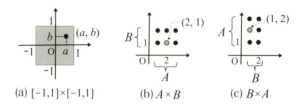

この例からもわかるように，一般に，$A \times B \neq B \times A$ である．また，直積の要素数については，$|A \times B| = |A| \cdot |B|$ が成り立つ．なお，A, B の少なくとも一方が空集合の場合，$A \times B$ は $\emptyset$ である．

n 個の集合 $A_1, A_2, \ldots, A_n$ の元の順序づけられた組 $(a_1, a_2, \ldots, a_n)$ 全体からなる集合が，次式の $A_1 \times A_2 \times \cdots \times A_n$ である．

$$A_1 \times A_2 \times \cdots \times A_n = \{(a_1, a_2, \ldots, a_n) \mid a_1 \in A_1, a_2 \in A_2, \ldots, a_n \in A_n\} \quad (3.3)$$

特に，$A = A_1 = A_2 = \cdots = A_n$ であるとき，すなわち，同一の集合 A の n 個の直積を A^n と表す．これにより，A_i を $\mathbb{R}$ とした場合，$\mathbb{R} \times \mathbb{R}$ と $\mathbb{R} \times \mathbb{R} \times \mathbb{R}$ は，それぞれ，$\mathbb{R}^2$ と $\mathbb{R}^3$ となる．

問 3.1 集合 C_i を $\{i, i+1\}$ とする．このとき，$C_1 \times C_2 \times C_3$ を外延的記法で表せ．

問 3.2 集合 A, B, C について，次式が成り立つことを示しなさい．

$$A \times (B \cup C) = (A \times B) \cup (A \times C) \quad (3.4)$$

3.2 写 像

3.2.1 写像の定義域・終域

写像は，2つの集合の元どうしを対応づける規則として定義される．

定義 3.2　写像

集合 X と Y について，X の各元に対して Y の元をただ 1 つ定める規則 f を「X から Y への**写像** (map)」といい次式で表す.

$$f : X \rightarrow Y \tag{3.5}$$

X を f の**定義域** (domain)，Y を f の**終域** (codomain) といい，f によって定義域の元 x に対応づけられる終域の元 y を「x の f による**像** (image)」，あるいは，「x における写像 f の**値** (value)」とよび，次式で表される.

$$y = f(x) \quad \text{または} \quad f : x \mapsto y \tag{3.6}$$

式 (3.6)は，たとえば，$y = x^2$, $y = \sin x$ などのように写像を表すためにもしばしば用いられる. そのため，x を定義域の元とした $y = f(x)$ によって，写像を表すこととする. なお，写像のことを**関数** (function) とよぶこともあり，本書でも写像と同じ意味で関数を用いる.

これまで，写像は 2 つの集合 X, Y の元 $x \in X$ と $y \in Y$ を対応づける規則としてきたが，必ずしも相異なる集合 ($X \neq Y$) でなくてもよく，たとえば，$f : \mathbb{R} \rightarrow \mathbb{R}$ は**実関数** (real function) とよばれ，終域だけが $\mathbb{R}$ の場合には**実数値関数** (real-valued function) とよばれる. また，代表的な X 上の写像として次の恒等写像がある.

定義 3.3　恒等写像

X から X への写像で，定義域の任意の要素をそれ自身に対応づける写像は**恒等写像** (identity mapping) とよばれ，id_X と書く [2].

恒等写像 id_X では，定義域の任意の x について，$id_X(x) = x$ である.

ここで，定義域についての注意を例とともに述べておく. それは，写像 $y = f(x)$ の定義域は，断りのない限り，式 $f(x)$ が意味をもつ（値をもつ）x の全体を考

---

[2] たとえば，Y 上の恒等写像であれば id_Y，$\mathbb{R}$ 上の恒等写像であれば $id_\mathbb{R}$ と書く.

えることである．

> **【例 3.2】** 実関数の定義域
> 　実関数 $y = \dfrac{1}{x-2}$ の定義域は，$\mathbb{R} - \{2\} = \{x \mid x \in \mathbb{R}, x \neq 2\}$ となる．なぜならば，$x = 2$ のとき $\dfrac{1}{x-2}$ が値をもたないためである．
> 　同様に，実関数 $y = \sqrt{x}$ の定義域は，$[0, \infty)$ である．

写像 $f: X \rightarrow Y$ において，$f(x)$ が意味をもつ・もたないにかかわらず，X の部分集合 A を定義域とした写像を考えるとき，f の A への**制限** (restriction) という [3]．たとえば，実関数 $y = x^2$ の x の取り得る値の範囲を $x > 0$ とするとき，次のように書く．
$$y = x^2 \ (x > 0)$$

3.2.2 写像の値域・逆像

ある写像 f が与えられたとき，f により定まる代表的な集合に次の値域と逆像がある．

> **定義 3.4　写像の値域**
> 　写像 $f: X \rightarrow Y$ において，定義域の元 x の値をすべて集めてできる集合を f の**値域** (range) といい，$f(X)$ で表す．
> $$f(X) = \{y \mid x \in X, y = f(x)\} \quad (3.7)$$

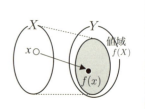

> **定義 3.5　写像の逆像**
> 　写像 $f: X \rightarrow Y$ における Y の部分集合 B について，X の元でその像が B に属するもの全体の集合を f による B の**逆像** (inverse image)

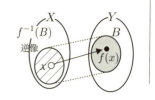

---

[3] $f|A$ とかくこともある．

といい，$f^{-1}(B)$ で表す．

$$f^{-1}(B) = \{x \mid x \in X, f(x) \in B\} \tag{3.8}$$

3.6 節で詳しく述べるが，f^{-1} は逆写像を表すためにも用いられる．

【例 3.3】値域と逆像

　$f(x) = -\dfrac{1}{4}x + 1$ の定義域を $A = [0, 8]$ としたとき，値域 $f(A)$ は $[-1, 1]$ である．また，値域の部分集合 $B = [0, 4]$ についての逆像 $f^{-1}(B)$ は $[0, 1]$ である．

問 3.3　次の実関数 (a)～(d) の定義域と値域をそれぞれ求めなさい．

　　(a) $y = 2x^2 - 1$　　(b) $y = \dfrac{1}{x}$　　(c) $y = |x|$　　(d) $y = \sqrt{x^2 - 1}$

問 3.4　P_1, P_2 を A の部分集合，Q_1, Q_2 を B の部分集合とする．このとき，$f : A \to B$ について，次式が成り立つことを示しなさい．

$$P_1 \subset P_2 \implies f(P_1) \subset f(P_2) \tag{3.9}$$
$$Q_1 \subset Q_2 \implies f^{-1}(P_1) \subset f^{-1}(P_2) \tag{3.10}$$

3.3　写像のグラフ

　これまでに述べてきたように，定義域の一つひとつの元に対して，終域の 1 つの元を対応づける規則が写像である．そのため，写像が与えられれば，定義域の各元と（写像による）値との順序対全体が定めることができる．

定義 3.6　写像のグラフ

　写像 $f : X \to Y$ に対して，次のような $X \times Y$ の部分集合を f の**グラフ** (graph) とよび，$\boldsymbol{G(f)}$ と書く．

$$G(f) = \{(x, y) \mid x \in X, y = f(x)\} \subset X \times Y \tag{3.11}$$

実関数 f の場合，定義域の任意の元 x における関数の値 $f(x)$ を座標平面（横軸を定義域，縦軸を終域）のもとで描けば，たとえば，下図 (a) に示す曲線が得られる．このとき，直線上の点 $(x, f(x))$ の集まりがグラフ $G(f)$ となる．なお，このときの値域 $f(X)$ は同図 (b) のように，像となり得る値の集合である．

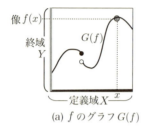
(a) f のグラフ $G(f)$

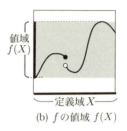
(b) f の値域 $f(X)$

【例 3.4】写像のグラフ

実関数 f と g をそれぞれ次式のように定める．

$$f(x) = x^2, \quad g(x) = -x + 1$$

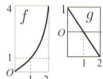

このとき，定義域 $[0,2]$ としたときの各関数のグラフは次式のとおりであり，これらの図表現が上図である．

$$G(f) = \{(x,y) \mid x \in [0,2], y = x^2\},$$
$$G(g) = \{(x,y) \mid x \in [0,2], y = -x + 1\}$$

問 3.5 例 3.4 の関数 f, g について，定義域をいずれも $\{0,1,2,3,4\}$ としたときの $G(f), G(g)$ をそれぞれ外延的記法で答えよ．

3.4 写像の合成

$\sqrt{x^2}$ や $(x+1)^2$ などの数式には，いくつかの関数（平方根，2 乗など）が含まれており，これらは，次に示す写像の合成により構成されている．

定義 3.7　写像の合成

2つの写像 $f: A \to B$ と $g: B \to C$ が与えられたとき，「A の各元 a に B の元 $f(a)$ を対応させ，さらに g によって $f(a)$ に C の元 $g(f(a))$ を対応させる」ことで構成された A から C への写像を f と g の**合成写像** (composition mapping) といい，$\boldsymbol{g \circ f}$ と書く [4]．

$$g \circ f : A \to C, \qquad (g \circ f)(a) = g(f(a)) \tag{3.12}$$

【例 3.5】写像の合成

次の2つの実関数の合成を考える．

$$f(x) = x^2, \qquad g(x) = -x + 1$$

このとき，f と g の合成関数 $g \circ f$ による $x \in \mathbb{R}$ の値は次式となる．

$$(g \circ f)(x) = g(f(x)) = g(x^2) = -x^2 + 1$$

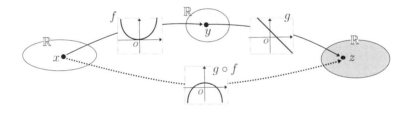

合成写像 $g \circ f$ は，「f の終域と g の定義域とが一致するとき」に定義可能であることに注意せよ．また，一般的には，$g \circ f$ が定義されたとしても，$f \circ g$ が定義されるとは限らないが，恒等写像の場合には次の命題が成り立つ．

命題 3.1　恒等写像

A 上の写像 f と恒等写像 id_A について，次式が成り立つ．

$$f \circ id_A = f \qquad id_A \circ f = f \tag{3.13}$$

---

[4] 写像 g と f の順序に注意せよ．

32   第 3 章　集合と写像

また，写像 $f : A \to B$ と恒等写像 id_A, id_B について，次式が成り立つ．

$$f \circ id_A = f \qquad id_B \circ f = f \tag{3.14}$$

問 3.6　実関数 succ, sqr, sqrt を次のように定める．

$$\mathrm{succ}(x) = x + 1, \quad \mathrm{sqr}(x) = x^2, \quad \mathrm{sqrt}(x) = \sqrt{x}$$

このとき，次の各式を合成関数として表せ．
(a) $\sqrt{x^2}$ 　　(b) $(x + 1)^2$ 　　(c) $x^2 + 1$ 　　(d) $\sqrt{x + 1}$

問 3.7　命題 3.1 の式 (3.14)を証明せよ．

3.5　写像の分類

写像は，その性質によって以下のように分類される．

定義 3.8　単射（1 対 1 の写像）
　写像 $f : X \to Y$ において，X の異なる元 x と x' の f による像 $f(x)$ と $f(x')$ がいつも異なるとき，すなわち，

$$X \text{ の任意の元 } x, x' \text{に対し，} x \neq x' \Longrightarrow f(x) \neq f(x') \tag{3.15}$$

が成り立つとき，f を X から Y への **1 対 1 の写像** (one-to-one)，あるいは X から Y への**単射** (injection) という．

定義 3.9　全射（上への写像）
　写像 $f : X \to Y$ の値域 $f(X)$ が終域 Y と一致するとき，すなわち，$f(X) = Y$ のとき，f は X から Y の**上への写像** (onto)，あるいは f は X から Y への**全射** (surjection) という．

単射のグラフを描いたとき，その曲線は下図 (a),(b) のように x 軸と平行な線分とは 1 点で交わる．一方，全射のグラフでは下図 (a), (c) のように終域全体にわたって曲線が描かれる．

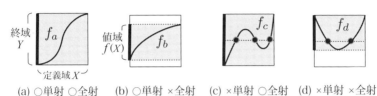

(a) ○単射 ○全射　(b) ○単射 ×全射　(c) ×単射 ○全射　(d) ×単射 ×全射

なお，同図 (a) のような単射かつ全射である写像は次のようによばれる．

> **定義 3.10　全単射**
> 写像 $f: X \to Y$ が単射かつ全射であるとき，f を**全単射** (bijection, one-to-one and onto) という．

【例 3.6】写像の分類

実関数 $f_a(x) = x^2$, $f_b(x) = x^3$ は次のように分類される．

f_a は，たとえば，$x = -2, x' = 2$ について，$f_a(x) = f_a(x') = 4$ なので単射ではなく，値域が $f_a(\mathbb{R}) = [0, -\infty)$ なので全射でもない．f_b は，$x \neq x'$ について $f_a(x) \neq f_a(x')$ なので単射，かつ，値域が $f_a(\mathbb{R}) = \mathbb{R}$ なので全射より，全単射である． □

問 3.8　次の実関数，それぞれについて，「単射，全射，全単射，その他」のいずれであるのか答えなさい．
(a) $y = id_{\mathbb{R}}$　(b) $y = \dfrac{1}{x}$　(c) $y = 2x^2 - 1$　(d) $y = x^3 - x$

3.6　逆写像

全単射が与えられたとき，次のようにして逆写像を作ることができる．

34   第 3 章　集合と写像

定義 3.11　逆写像

　全単射 $f : X {\to} Y$ において，$f(x) = y$ のとき，y を x に対応付ける写像 $Y {\to} X$ を f の**逆写像** (inverse map) または**逆関数**とよび f^{-1} で表す．

$$f^{-1} : Y {\to} X \qquad f^{-1}(y) = x \qquad (3.16)$$

命題 3.2　逆写像

　全単射 $f : X {\to} Y$ の f による Y の逆像について次式が成り立つ．

$$f^{-1}(Y) = X \qquad (3.17)$$

さらに，全単射 $f : A {\to} B$ とその逆写像 f^{-1} について，次式が成り立つ．

$$f^{-1} \circ f = id_A \qquad f \circ f^{-1} = id_B \qquad (3.18)$$

【例 3.7】 逆関数の例

　指数関数 $f(x) = a^x = y \ (a > 1)$ は全単射であり，対数関数 $f^{-1}(y) = \log_a y$ である． □

問 3.9 　実関数 f_a, f_b, f_c, f_d を次のように定める．逆関数をもつか否かを判定し，もつ場合にはそれぞれ答えよ．

$$f_a(x) = |x|, \quad f_b(x) = 8x - 2, \quad f_c(x) = x^3, \quad f_d(x) = 4x^2 \ (0 \leqq x)$$

問 3.10 　命題 3.2 の式 (3.18)を証明せよ．

3.7 添字づけられた集合族

3.7.1 | 集合族と添字集合

3.1.1 項では，n 個の集合の直積を求めるにあたり，n 個の集合に添字 $1, 2, \ldots, n$ を付け，それらを $A_1, A_2, \ldots, A_n$ と表した（式 (3.3)）．このことを，一般化して，無限集合から $\{1, 2, \ldots, n, \ldots\}$ から集合族（集合を元とする集合）への写像によるものとしよう．

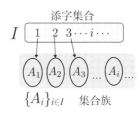

定義 3.12 集合族と添字集合

集合 I と集合族 $\mathcal{K}$ についての全射 $A: I \to \mathcal{K}$ が与えられ，$\mathcal{K}$ を**添字つき集合族** (indexed family)，I を**添字集合** (index set) といい，I の元を**添字** (index) といい，$\mathcal{K}$ を次式で表す．

$$\{A_i \mid i \in I\}, \quad \text{または}, \quad \{A_i\}_{i \in I} \tag{3.19}$$

全射 A による i の像 $A(i)$ を A_i と書くことにより，$\{A_i\}_{i \in I}$ は $\{A_1, A_2, \ldots, A_i, \ldots\}$ を表す[5]．

これまで，単に下付き文字として，$1 \sim n$ を文字に付していただけのものを，わざわざ写像を持ち出して形式化することは混乱を招くだけだと思われるかもしれないが，添字集合 I は有限集合に限らず，無限集合の場合もあり，そのためにもこれらの表記を導入している．なお，添字集合としてはギリシャ文字 $\overset{\text{ラムダ}}{\Lambda}$ なども用いられる．

添字集合を用いれば，集合族 $\{A_i\}_{i \in I}$ の和集合と共通部分はそれぞれ次のように定義される．

$$\text{和集合} \quad \bigcup_{i \in I} A_i = \{a \mid \text{ある } i \in I \text{ について } a \in A_i\} \tag{3.20}$$

---
[5] 写像 $f: X \to Y$ において，$x \in X$ の f による像を，$f(x)$ と表したが，「f_x」とする表し方もある．$A(i)$ を A_i と表すのはこれに従った書き方といえる．

36   第3章 集合と写像

共通部分　$\displaystyle\bigcap_{i \in I} A_i = \{a \mid$ すべての $i \in I$ について $a \in A_i\}$　　　　(3.21)

$\bigcup_{i \in I} A_i$ は，各添字について A_i の元をすべて集めてできる集合，言い換えれば，少なくとも1つの A_i の元であるものからなる集合である．一方，$\bigcap_{i \in I} A_i$ は，各添字について A_i のいずれにも属している元からなる集合である．

なお，添字集合が $I = \mathbb{Z}^+$ であるときには，式 (3.20) と式 (3.21) をそれぞれ $\bigcup_{i=1}^{\infty} A_i$ と $\bigcap_{i=1}^{\infty} A_i$ と表すこともある．

【例 3.8】 集合族の和集合と共通部分

添字集合を $I_B = \{1, 2, 3, 4\}$，B_i を区間 $[0, i]$ とする．このとき，

$$\bigcup_{i \in I_B} B_i = [0, 1] \cup [0, 2] \cup [0, 3] \cup [0, 4] = [0, 4],$$

$$\bigcap_{i \in I_B} B_i = [0, 1] \cap [0, 2] \cap [0, 3] \cap [0, 4] = \{1\}.$$

また，添字集合を $\mathbb{Z}^+$ とした集合族 $\{C_i\}_{i \in \mathbb{Z}^+}$，$C_i = \{1, 2, \ldots, i\}$ について，

$$\bigcup_{i=1}^{\infty} C_i = \{1\} \cup \{1, 2\} \cup \{1, 2, 3\} \cup \cdots = \mathbb{Z}^+,$$

$$\bigcap_{i=1}^{\infty} C_i = \{1\} \cap \{1, 2\} \cap \{1, 2, 3\} \cap \cdots = \{1\}.$$

問 3.11　次の問 (a)〜(c) の D_i について，$I = \mathbb{Z}^+$ としたとき，$\bigcup_{i \in I} D_i$ と $\bigcap_{i \in I} D_i$ をそれぞれ求めなさい．

(a)　$D_i = \{-i, -i+1, \ldots, -1, 0, 1, \ldots, i-1, i\}$

(b)　$D_i = \{-i, i\}$　　　(c)　$D_i = [-i, i]$

集合族は，位相においては，考察の対象となる集合 X とともに用いられることがある．そのための準備として，部分集合族を定義しておく．

3.7 添字づけられた集合族　　37

定義 3.13　部分集合族

集合族 $\{A_i\}_{i \in I}$ に対して，集合 X があって，どの $i \in I$ についても $A_i \subset X$ であるとき，$\{A_i\}_{i \in I}$ を**部分集合族** (family of subsets) という．

有限集合についてのド・モルガンの法則（命題 2.6）を一般化して，集合族に適用したのが次の命題である[6]．

命題 3.3　ド・モルガンの法則

$\{A_i\}_{i \in I}$ が全体集合 U の部分集合族である場合には，次式が成り立つ．

$$\left(\bigcup_{i \in I} A_i \right)^c = \bigcap_{i \in I} A_i^c \tag{3.22}$$

$$\left(\bigcap_{i \in I} A_i \right)^c = \bigcup_{i \in I} A_i^c \tag{3.23}$$

[証　明]　式 (3.22) の証明を示す[7]．

$x \in \left(\bigcup_{i \in I} A_i \right)^c \iff x \in U$ かつ $x \notin \left(\bigcup_{i \in I} A_i \right) \iff x \in U$ かつ，すべての i について $x \notin A_i \iff$ すべての i について $x \in A_i^c \iff x \in \left(\bigcap_{i \in I} A_i^c \right)$.　□

問 3.12　命題 3.3 の式 (3.23) を証明せよ．

3.7.2 直積と選択公理

添字付き集合族 $\{A_i\}_{i \in I}$ の直積について考える．

もし，添字集合 I が有限集合 $\{1, 2, \ldots, n\}$ であれば，n 個の集合のなかに空集合が 1 つもないならば，各集合 A_i から元 a_i を 1 つずつ選び出し n 個の元からなる組 $(a_1, a_2, \ldots, a_n)$ をつくることができることは明らかであろう．

さて，このことは添字集合 I が無限集合の場合も可能であろうか．つまり，無

---

[6] 添字集合 I が，非可算集合（4.6 節参照）の場合にもなりたつ．
[7] 付録「A.3 論理式の否定」を参照のこと．

38 第3章 集合と写像

限にある集合 $A_1, A_2, \ldots, A_n, \ldots$ の各集合 A_i から元を1つずつ一斉に選び出すことがはたしてできるのだろうか．無限の概念については次章で詳しく述べるが，ここでは，直積の応用例の一つとして無限集合を対象として考えてみる．

いま，添字つき集合族 $\{A_i\}_{i \in I}$ の直積を次式で表すこととしよう．

$$\text{集合族の直積} \quad \prod_{i \in I} A_i \tag{3.24}$$

このとき，$A_i = \varnothing$ である $i \in I$ が少なくとも1つ存在するならば，$\prod_{i \in I} A_i = \varnothing$ であることは明らかである．このことより，**選択公理** (axiom of choice) とよぶ次の公理が成り立つとされた．

公理 3.1　選択公理

　添字つき集合族 $\{A_i\}_{i \in I}$ において，すべての $i \in I$ に対して $A_i \neq \varnothing$ ならば，次式が成り立つ

$$\prod_{i \in I} A_i \neq \varnothing \tag{3.25}$$

この公理は，Zermelo（ツェルメロ）より提起されたことから，**ツェルメロの公理**（5.6.2 項参照）ともよばれており，添字集合 I が無限集合であっても，「どの A_i も空集合でないならば，各 $i = 1, 2, \ldots$ に対し，A_i から元 a_i を1つずつ選び出すことができる」ことを主張している．

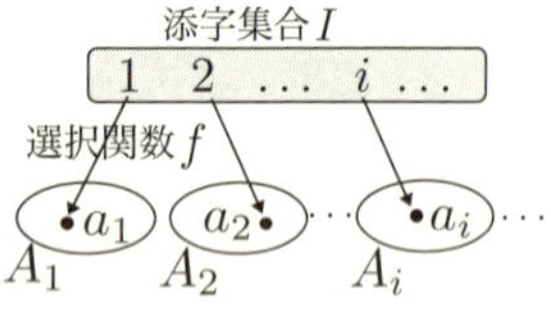

このことは，「添字集合 I から和集合 $\bigcup_{i \in I} A_i$ への写像 f のうちで，すべての I の元 i の像 $f(i)$ が A_i に属するものが存在する」と述べることもできる．この写像 f は**選択関数** (choice function) とよばれている．選択関数をもちいれば，$\{A_i\}_{i \in I}$ の直積 $\prod_{i \in I} A_i$ は，上図に示すような関数の集合として定義される．

定義 3.14　添字つき集合族の直積

　添字つき集合族 $\{A_i\}_{i \in I}$ の直積を次式で定める．ここで，f は選択関数

である．

$$\prod_{i \in I} A_i = \left\{ f \,\middle|\, f : I \to \bigcup_{i \in I} A_i,\ \text{かつ},\ \text{すべての}\ i \in I\ \text{について}\ f(i) \in A_i \right\} \tag{3.26}$$

すなわち，直積 $A_1 \times A_2 \times \cdots \times A_i \times \cdots$ の A_i に属する各元を選択する写像全体からなる集合が $\prod_{i \in I} A_i$ にあたる．

選択関数の理解を助けるために，添字集合が有限集合の例を示す．

【例 3.9】 集合族と直積

添字集合を $\{1,2\}$ とする集合族の直積 $\prod_{i \in \{1,2\}} C_i$ は，$C_1 = \{u, v\}$，$C_2 = \{0, 1\}$ としたとき，写像を元とする次の集合が得られる．

$$\prod_{i \in \{1,2\}} C_i = \left\{ f \,\middle|\, f : I \to \bigcup_{i \in \{1,2\}} C_i,\ \text{かつ},\ i \in \{1,2\}\ \text{について}\ f(i) \in C_i \right\}$$
$$= \{f_a, f_b, f_c, f_d\}$$

ただし，写像 f_a, f_b, f_c, f_d は次のとおりである．

$$f_a(1) = u, \quad f_a(2) = 0, \qquad f_b(1) = u, \quad f_b(2) = 1$$
$$f_c(1) = v, \quad f_c(2) = 0, \qquad f_d(1) = v, \quad f_d(2) = 1$$

これらの各選択関数によって，C_1, C_2 の元が 1 つずつ取り出される．これを組として図示したのが下図である．

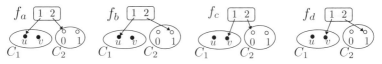

選択関数によって選ばれた 4 つの組 $(u,0), (u,1), (v,0), (v,1)$ からなる集合が直積 $C_1 \times C_2$ と等しい．

この選択公理は，後述する整列集合（5.5 節）の中でも取り上げられる．そこ

40　第 3 章　集合と写像

では，無限集合のすべての元にある種の「順序」を割り当てて，整列された集合（整列集合）をつくることができるかどうかが議論される.

■ 発 展 問 題 ■

3.1 集合 P_1, P_2 がいずれも A の部分集合であり，$f : A \to B$ であるとき，次式が成り立つことをそれぞれ示しなさい.

$$f(P_1 \cup P_2) = f(P_1) \cup f(P_2) \tag{3.27}$$

$$f(P_1 \cap P_2) \subset f(P_1) \cap f(P_2) \tag{3.28}$$

3.2 集合 Q_1, Q_2 がいずれも B の部分集合であり，$f : A \to B$ であるとき，次式が成り立つことをそれぞれ示しなさい.

$$f^{-1}(Q_1 \cup Q_2) = f^{-1}(Q_1) \cup f^{-1}(Q_2) \tag{3.29}$$

$$f^{-1}(Q_1 \cap Q_2) = f^{-1}(Q_1) \cap f^{-1}(Q_2) \tag{3.30}$$

3.3 $\mathbb{R}$ 上の関数 f, g, h について次式が成り立つことを示しなさい.

$$h \circ (g \circ f) = (h \circ g) \circ f \tag{3.31}$$

3.4 $f : A \to B$, $g : B \to C$ がいずれも f, g が全単射であるとき，$g \circ f$ も全単射であることを示しなさい.

3.5 $f : A \to B$, $g : B \to C$ のとき，次式が成り立つことを示しなさい.

$$g \circ f \text{ が全射で，} g \text{ が単射ならば，} f \text{ は全射である} \tag{3.32}$$

第 4 章
集合の濃度

4.1 関 係

4.1.1 関係の表し方

本章では，集合の濃度について詳しく考察する．その準備として関係から述べよう．

2つの対象 a, b について，「a は b より小さい」，「a と b は等しい」，「a は b の約数である」などのように，2つの対象の間に成り立つ**関係** (relation) を議論することが多い．

定義 4.1　2 項関係

2つの集合 A, B，それぞれの元 $a \in A, b \in B$ について，関係 R が成り立つとき，次式で表し，**2 項関係** (binary relation) という．

$$aRb \quad \text{または} \quad R(a, b) \tag{4.1}$$

1つの集合 A の 2つの元に関する関係であるときには，**A 上の 2 項関係**あるいは単に **A 上の関係**という．

R としては，たとえば，「大きい」，「等しい」の場合は，それぞれ，$>, =$ が用いられる．この他に，$<, |, \sim$ などの記号が R として用いられる．

【例 4.1】整除関係 |

集合 $A = \{1, 2, 3, 4\}$ 上の 2 項関係「|」を，「$y \in A$ は $x \in A$ で整除される（割り切れる）」と定め，「$x \mid y$」と書く．すなわち，

$$x \mid y \Longleftrightarrow y \in A \text{ は } x \in A \text{ で整除される（割り切れる）}.$$

42   第4章　集合の濃度

この関係を整除関係とよぶこととする．$A = \{1, 2, 3, 4\}$ の元で整除の関係が成り立つのは次のとおり．

$$1 \mid 1, \quad 1 \mid 2, \quad 1 \mid 3, \quad 1 \mid 4, \quad 2 \mid 2, \quad 2 \mid 4, \quad 3 \mid 3, \quad 4 \mid 4$$

問 4.1　$B = \{1, 2, 3\}$ 上の2項関係「$x \in B$ は $y \in B$ 以下である」を $x \leqq y$ と表す．このとき，$x \leqq y$ を満たす例をすべて挙げよ．

4.1.2 | 関係のグラフ

集合 A と B の関係 R が与えられると，それをもとに aRb を満たす順序対 $(a, b) \in A \times B$ からなる次の集合をつくることができる．

> **定義 4.2　関係のグラフ**
>
> 集合 A と B の関係 R について，次の集合 $\boldsymbol{G(R)}$ を関係 R の**グラフ** (graph) という．
>
> $$G(R) = \{(a, b) \mid a \in A, b \in B, aRb\} \tag{4.2}$$

一般的に，集合 A と B の R のグラフ $G(R)$ は $A \times B$ の部分集合である．また，この式 (4.2) と写像のグラフの式 (3.11) を比べてみて欲しい．写像 $y = f(x)$ を，x と y の間に成り立つ関係とみなせば，関係の特別な場合が写像であることがわかる．

【例 4.2】整除の関係 | のグラフ

例 4.1 より，$A = \{1, 2, 3, 4\}$ 上の整除の関係 | のグラフ $G(\mid)$ は次の集合となる．

$$G(\mid) = \{(1, 1), (1, 2), (1, 3), (1, 4), (2, 2), (2, 4), (3, 3), (4, 4)\}$$

問 4.2　$C = \{1, 2, 3, 4, 5, 6\}$ 上の2項関係 ★ を次のように定める．

$$x \star y \iff x \text{ と } y \text{ は, } 3 \text{ で割ったときの余りが同じ.}$$

このとき, 関係 $\star$ のグラフ $G(\star)$ を外延的記法で答えよ.

4.1.3 関係の性質

関係の概念が重要視される理由の一つが「集合の元を同じ性質をもつグループに分類する」ためである. ここでいう「同じ性質」は, いくつかの性質を満たす特定の関係によって定まる. このことを明確に述べるために, 関係がもつ基本的な性質を以下に示す.

定義 4.3　関係の性質

R を集合 A 上の 2 項関係とする.

反射律 (reflexivity)	すべての $x \in A$ について xRx
対称律 (symmetry)	$x, y \in A$ について $xRy \Longrightarrow yRx$
推移律 (transitivity)	$x, y, z \in A$ について xRy かつ $yRz \Longrightarrow xRz$

関係 R が反射律を満たすとき, R は反射的であるという. 同様にして, 対称的, 推移的という言い方も用いられる.

【**例 4.3**】整数の大小関係

$\mathbb{Z}$ 上の大小関係 $\leqq$ は, 任意の整数 x について $x \leqq x$ より, 反射的である. また, 任意の整数 x, y, z について「$x \leqq y$ かつ $y \leqq z$」ならば, 「$x \leqq z$」なので, 推移的である. しかしながら, $x \leqq y$ であっても, $y \leqq x$ であるとは限らないため, 対称的ではない (反例：$3 \leqq 5$).

問 **4.3**　次の関係 $\|, \triangle, \odot$ について, 反射律, 対称律, 推移律のいずれを満たすのか, それぞれ答えよ.

(a) $\mathbb{Z}^+$ の元 x, y について, $x \| y \iff x$ と y の公約数は 1 のみ

(b) 平面上の三角形の全体集合の元 x, y について,

$$x \backsim y \iff x \text{ と } y \text{ は相似である (三角形の相似条件を満たす)}$$

44   第4章　集合の濃度

(c) $\mathbb{R}$ の元 x, y について，$x \odot y \Longleftrightarrow x^2 + y^2 = 1$

4.2　同値関係

4.2.1 | 反射的・対称的・推移的な関係

> **定義 4.4　同値関係**
>
> 　ある関係が3つの性質「反射律，対称律，推移律」を同時に満たすとき，その関係を**同値関係** (equivalence relation) という．

【**例 4.4**】同値関係

　問 4.2 の $C = \{1, 2, 3, 4, 5, 6\}$ 上の関係 ★ は，次の理由より，「反射律，対称律，推移律」を同時に満たすことから同値関係である．

　　理由：$x, y, z \in C$ について，反射律：$x \star x$ は明らか．対称律：$x \star y$ ならば「x, y は3で割ったときの余りが同じ」なので $y \star x$．推移律：$x \star y$ かつ $y \star z$ ならば，「x, y, z は3で割ったときの余りが同じ」なので $x \star z$．

問 4.4　次の関係が同値関係かどうかをそれぞれ答えよ．
(a) 正整数についての整除関係 $\mid$　(b) 集合についての等号関係 $=$
(c) 整数についての不等号 $\leqq$　　(d) 三角形の相似関係 $\backsim$

4.2.2 | 同値類

　ある集合 A 上の同値関係の役割の一つが，その集合 A をいくつかの集合に分割することである．これにより，A は分割された集合の直和となる．

> **定義 4.5 同値類と商集合**
>
> A 上の同値関係 R によって分割された集合は**同値類** (equivalence class) とよばれ，すべての同値類からなる集合を A/R と表し，A の R による**商集合** (quotient set) とよぶ．
>
> $$A/R = \{[a] \mid a \in A\} \tag{4.3}$$
>
> ここで，$[a]$ は $a \in A$ を含む同値類を表し，a は**代表** (representative) とよばれる．

各同値類は，空ではなく，互いに素（共通な元はない）であり，A の各元はいずれか 1 つの同値類に属する．このように，1 つの集合をいくつかの互いに素な集合に分けたいときの基準として同値関係が用いられる．

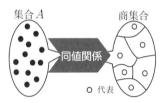

【例 4.5】 同値類と商集合

$V = \{1, 2, 3, 4, 5, 6, 7, 8, 9, 10, 11, 12\}$ 上の関係☆を次式と定める．

$$x \mathbin{☆} y \iff x \text{ と } y \text{ は } 4 \text{ で割ったときのあまりが等しい}$$

この関係は同値関係であり，次の 4 つの同値類が得られる．

$\quad [0] = \{4, 8, 12\} \quad [1] = \{1, 5, 9\} \quad [2] = \{2, 6, 10\} \quad [3] = \{3, 7, 11\}$

このことから，商集合 $V/☆$ は次のとおり．

$\quad V/☆ = \{[0], [1], [2], [3]\} = \{\{4, 8, 12\}, \{1, 5, 9\}, \{2, 6, 10\}, \{3, 7, 11\}\}$

また，$V/☆$ の要素の直和 $[0] + [1] + [2] + [3]$ は V となる．

問 4.5 $D = \{x \mid x \in \mathbb{Z}, 1 \leqq x \leqq 15\}$ を 2 つの同値類に分割したい．そのための同値関係を答えよ．

46   第 4 章 集合の濃度

4.3 対等と濃度

4.3.1 集合の対等

たとえば，集合 $A = \{\bigcirc, \bullet, \square, \blacklozenge, \blacksquare\}$ の元の個数が 5 で
あることは，右図のように A と $\{1, 2, 3, 4, 5\}$ との間で全単射
が存在することからいえる．このようにすれば，集合の元の
個数を写像の概念を使って比べることができる．

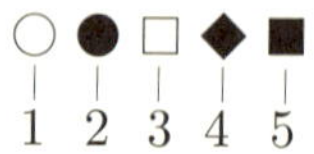

$$
\begin{array}{ccccc}
\bigcirc & \bullet & \square & \blacklozenge & \blacksquare \\
| & | & | & | & | \\
1 & 2 & 3 & 4 & 5
\end{array}
$$

定義 4.6　対等

一般的に，集合 A, B について，A から B への全単射が存在するとき，
「A と B の間には 1 対 1 対応がつく」ともいう．このとき，A と B は**対等**
(equipotent) といい，次式で表す．

$$A \sim B \tag{4.4}$$

この関係 $\sim$ は，「反射律，対称律，推移律」を満たす同値関係である．

定理 4.1　対等

集合 A, B, C について，対等 $\sim$ は次の性質を満たす．

$$\text{反射律}\quad A \sim A \tag{4.5}$$
$$\text{対称律}\quad A \sim B \ \text{ならば，}\ B \sim A \tag{4.6}$$
$$\text{推移律}\quad A \sim B \text{かつ} B \sim C \ \text{ならば，}\ A \sim C \tag{4.7}$$

問 4.6　対等 $\sim$ が同値関係（定理 4.1）であることを示せ．

4.3.2 対等による集合の類別

対等 ~ は同値関係であることから,右図のように ~ を用いて「集合の集まり」を同値類に類別することができる[1]. このとき, 各同値類を**濃度** (cardinality) といい, 集合 A と対等な集合の同値類を $|A|$ で表し, $|A|$ を A の濃度という.

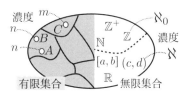

このことから, 対等である集合の濃度について, 次の命題が成り立つ.

定理 4.2　濃度と対等

集合 A, B について次式が成り立つ.

$$A \sim B \iff |A| = |B| \tag{4.8}$$

もし, 集合 A が n 個の元をもつ有限集合であって, 集合 B と対等であるならば, B もまた n 個の元をもつ, またそのときに限る. なお, 無限集合の場合については次節で詳しく述べる.

4.3.3 無限集合の全体と部分

有限集合と無限集合では, 濃度について異なる結論が得られることを示そう.

一般に, 有限集合の場合は, 部分集合が全体集合と同じ濃度であることはない. すなわち, $A \subsetneq B$ であれば, $A \sim B$ は成り立たない (A から B への全単射は存在しない).

これに対し, 無限集合の場合, 次の例が示すように, 有限集合の場合とは異なる結果が得られる.

---
[1] 本来ならば「集合全体の集まり」とすべきところであるが, そうすると Russell の逆理 (パラドックス) が生じることからここでは厳密性を犠牲にした表現にした. また, 同図には次節の内容も含まれている.

【例 4.6】 $\mathbb{Z}^+$ と偶数全体

偶数のみを集めてできた集合 $E = \{x \mid x \in \mathbb{Z}^+, x は偶数\}$ は，$\mathbb{Z}^+$ の部分集合でありながら，$\mathbb{Z}^+$ から E へは，前図のように全単射 $f(x) = 2x$ が存在することから，$\mathbb{Z}^+ \sim E$ が成り立つ．

$$\begin{array}{ccccc} 1 & 2 & 3 & \ldots & n & \ldots \\ | & | & | & & | & \\ 2 & 4 & 6 & \ldots & 2n & \ldots \end{array}$$

この例のように，無限の世界では，「部分集合が全体集合と同じ濃度である」という（有限の世界では起こりえない）ことが起こる．

問 4.7 奇数全体の集合 $O = \{x \mid x \in \mathbb{Z}^+, x は奇数\}$ と $\mathbb{Z}^+$ が対等であることを示せ．また，O と $\mathbb{N}$ が対等であることを示せ．

【例 4.7】 閉区間と開区間

実数 a, b, c, d が，$a < b, c < d$ であって，閉区間 $[a, b]$ の中に $[c, d]$ が含まれる，すなわち，$[c, d] \subset [a, b]$ とする．いま，右図のように $[a, b]$ と $[c, d]$ をそれぞれ線分 AB と線分 CD として，平行になるように描き，AB を底辺とし，点 C, D を通る三角形 ABP を描く．このとき，P を始点とし AB 上の点を終点とする線分を描いていけば，CD 上の点と AB 上の点とを 1 対 1 に対応づけられる．このことは，CD 上のすべての点と AB 上のすべての点との間に全単射をもうけることにほかならず，$[a, b] \sim [c, d]$ である．

$[a,b] \sim [c,d]$

また，同じ条件を満たす a, b, c, d のもと，両端点を取り除いた開区間 (a, b) と (c, d) についても，$(a, b) \sim (c, d)$ である．

問 4.8 実数 a, b, c, d について，$a < b, c < d$ であるとき，$[a, b] \sim [c, d]$ が成り立つことを，右図をもとに示せ．

【例 4.8】開区間と $\mathbb{R}$

$\mathbb{R}$ の部分集合である開区間 $(-1,1)$ を定義域とする関数 $f(x) = \dfrac{x}{(1+x)(1-x)}$ は，$(-1,1)$ から $\mathbb{R}$ への全単射である．したがって，$(-1,1) \sim \mathbb{R}$ である．

さらに，例 4.7 より開区間は互いに対等であることから，任意の開区間も $\mathbb{R}$ と対等となる．

問 4.9 ある実数 a,b について，開区間 (a,b) が $\mathbb{R}$ と対等であるときの全単射を $f(x) = \tan x$ としたとき，a,b をそれぞれ求めよ．

【例 4.9】平面上の格子点と数直上の点

$\mathbb{Z}^+ \times \mathbb{Z}^+$ と $\mathbb{Z}^+$ についても対等である．これは，次のような $\mathbb{Z}^+ \times \mathbb{Z}^+$ から $\mathbb{Z}^+$ への全単射 f が存在するからである．

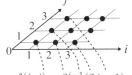

$$f(i,j) = 2^{i-1}(2j-1) \qquad (4.9)$$

たとえば，上図のように $f(1,1) = 1$，$f(1,2) = 3, f(1,3) = 5, f(2,1) = 2, f(2,2) = 6, f(2,3) = 10$ である．

問 4.10 例 4.9 の式 (4.9) の関数 f が全単射であることを示せ．
〔ヒント〕p を非負整数，q を奇数とするとき，任意の正整数は $2^p q$ で一意的に表すことができる．

4.3.4 Bernstein の定理

2 つの集合 A, B が対等であることを示すのに A から B への全単射を具体的につくることなく，この全単射の存在を保証してくれる定理がある．この定理は **Bernstein の定理**とよばれ，実用上最も有効なものとされている

50   第 4 章　集合の濃度

定理 4.3　Bernstein の定理

2 つの集合 A, B について，単射 $A \to B$ と単射 $B \to A$ がともに存在すれば，$A \sim B$ が成り立つ．

この定理より，A から B への全単射をつくらなくても，単射 $A \to B$ と単射 $B \to A$ の存在を示せば $A \sim B$ であることがいえる．

詳細は省略するが，この定理は何通りかに言い換えることができる．

定理 4.4　Bernstein の定理 2

全射 $A \to B$ と全射 $B \to A$ がともに存在すれば，$A \sim B$ が成り立つ．

集合 A, B が対等であることは，それぞれの部分集合に着目して次のように示すことができる．

定理 4.5　Bernstein の定理 3

集合 A, B について，$A \sim B_1$ かつ $B \sim A_1$ となる $A_1 \subset A, B_1 \subset B$ が存在するならば，$A \sim B$ が成り立つ．

なお，Berunstein の定理（言い換えも含む）の証明については参考文献 [2] などを参照のこと．

【例 4.10】 Bernstein の定理

開区間 $(-1, 1) = \{x \mid -1 < x < 1\}$ と閉区間 $[-1, 1] = \{x \mid -1 \leqq x \leqq 1\}$ は，定理 4.3 より対等である．なぜならば，たとえば，$(-1, 1)$ から $[-1, 1]$ への単射 $f(x) = x$，$[-1, 1]$ から $(-1, 1)$ への単射 $g(x) = \dfrac{1}{2}x$ が存在するからである．

また，この f と g は，開区間 $(-1, 1) = \{x \mid -1 < x < 1\}$ と半開区間 $(-1, 1] = \{x \mid -1 < x \leqq 1\}$ における単射でもあり，$(-1, 1)$ と $(-1, 1]$ は対等である．

4.4 可算集合　51

　一般的に，実数の区間は，両端を含むか含まないかにかかわらず，対等である．次節では，Bernstein の定理を濃度の概念を使って表す（定理 4.10）．

問 4.11　実数の任意の閉区間 $[a, b]$ と $\mathbb{R}$ が対等であることを示せ $(a < b)$.

4.4 可算集合

4.4.1 無限集合の濃度

　いよいよ，無限集合の濃度について考えよう．そのための準備として，ある集合 A が有限集合であることを，対等の概念を用いて定めておく．

> **定義 4.7　有限集合**
> $A = \varnothing$ あるいは，$A \sim \{1, 2, \ldots, n\}$ であるとき，A は有限集合である．

　すなわち，正整数の集合 $\mathbb{Z}^+ = \{1, 2, \ldots, n\}$ から A への全単射が存在するならば，A は濃度 n の有限集合である．このような有限集合における濃度の概念は，Cantor によって無限集合に拡張された．

　ある無限集合 A が $\mathbb{Z}^+$ と対等であるとき，右図のように A から $\mathbb{Z}^+$ への全単射が存在する．このとき，A の各元には全単射によって $1, 2, 3, 4, \ldots$

$$
\begin{array}{ccccccc}
a_1 & a_2 & a_3 & a_4 & \cdots & a_n & \\
| & | & | & | & & | & \\
1 & 2 & 3 & 4 & \cdots & n & \cdots
\end{array}
$$

と番号が付けられ，一列に並ぶことになる．ここで，$a_i (i = 1, 2, 3, \ldots)$ は一列に並べられた A の元である（i は先頭からの通し番号）[2].

> **定義 4.8　可算集合**
> $\mathbb{Z}^+$ と対等となる A を<ruby>可算<rt>かさん</rt></ruby>**集合** (countable set) または**可付番集合**という．そして，有限集合と可算集合を総称して，**たかだか可算**な集合という．

---

[2] a_i は，$\mathbb{Z}^+$ から A への全単射による像にあたる．

52   第 4 章　集合の濃度

【例 4.11】可算集合
　次の無限集合はいずれも，$\mathbb{Z}^+$ からの全単射が存在するため，可算集合である．

$$\{x \mid x \in \mathbb{N} \text{ かつ } x \text{ は偶数}\} = \{0, 2, 4, 6, 8, 10, \ldots\}, \tag{4.10}$$

$$\{2^x \mid x \in \mathbb{N}\} = \{1, 2, 4, 8, 16, \ldots\}, \tag{4.11}$$

$$\mathbb{Z} = \{\ldots, -3, -2, -1, 0, 1, 2, 3, \ldots\}. \tag{4.12}$$

　例 4.6 から明らかのように，式 (4.10)は偶数全体の集合は可算であることを表す．また，式 (4.11)についての全単射は $f(x) = 2^x$ である．なお，式 (4.12)については次の問とする．

問 4.12　整数全体の集合 $\mathbb{Z}$ が可算集合であることを示しなさい．

　集合の濃度のうち，有限集合の濃度を**有限の濃度**といい，無限集合の濃度を**無限の濃度**という．無限の濃度のうち，$\mathbb{Z}^+$ の濃度，すなわち，可算集合の濃度は，$\aleph_0$（アレフ・ゼロ）[3] で表される．

【例 4.12】可算集合の濃度
　例 4.11 に示した可算集合などの濃度はいずれも $\aleph_0$ である．すなわち，

$$|\mathbb{Z}^+| = |\mathbb{N}| = |\mathbb{Z}| = \aleph_0.$$

　これまで，議論の都合上，$\mathbb{Z}^+$ と対等である集合を可算集合とよんだ．自然数全体の集合を $\{1, 2, 3, \ldots\}$ としている書では，$\mathbb{N}$ との間で全単射が存在する集合（対等な集合）を可算集合とよんでいる．なお，例 4.12 からわかるように，$\mathbb{Z}^+, \mathbb{Z}, \mathbb{N}$ がいずれも対等であることから，本書においても自然数全体の集合 $\mathbb{N}$ と対等な集合が可算集合ともいえる．

4.4.2　直積の濃度

　集合 A, B が有限集合の場合，これらの直接 $A \times B$ もまた有限集合であり，

---

[3] $\aleph$ は，ヘブライ語の 'A' に相当する文字である．

その濃度は，$|A| = m, |B| = n$ のとき，$|A \times B| = mn$ である．それでは，2
つの無限集合の直積の濃度はいくつになるのだろうか．

すでに，例 4.9 より，$\mathbb{Z}^+$ と $\mathbb{Z}^+$ の直積集合については可算であることを示し
た．$\mathbb{Z}^+$ に限らず，一般的に可算集合 A, B について次の命題が成り立つ．

命題 4.1　可算集合の直積

　A, B が可算集合ならば，$A \times B$ は可算集合である．

[証 明]

　A が可算集合であれば，その元に正の番号 $(1, 2, 3, \ldots)$ をつけて $a_1, a_2, a_3, \ldots$
と並べることができる．B も可算集合なので同様に $b_1, b_2, b_3, \ldots$ と並べること
ができる．すなわち，

$$A = \{a_1, a_2, a_3, \ldots\},$$
$$B = \{b_1, b_2, b_3, \ldots\},$$
$$A \times B = \{(a_i, b_j) \mid i, j \in \mathbb{Z}^+\}.$$

したがって，(a_i, b_j) を (i, j) に置き換えて考えれば，$\mathbb{Z}^+ \times \mathbb{Z}^+$ が可算である
ことを示せばよい．$\mathbb{Z}^+ \times \mathbb{Z}^+$ から $\mathbb{Z}^+$ への全単射としては，例 4.9 の式 (4.9)
が存在していることから，$\mathbb{Z}^+ \times \mathbb{Z}^+$ は可算であることがわかる．以上のことか
ら，命題が成り立つ． □

4.4.3 ｜ 可算集合の性質

　可算集合の性質をいくつか述べる．

定理 4.6　可算集合の無限部分集合

　可算集合の任意の無限部分集合は可算である．

[証 明]

　可算集合 $A = \{a_1, a_2, \ldots, a_n, \ldots\}$ について，元 a_i を整数 i におきかえれば
$A = \mathbb{Z}^+$ であるので，$\mathbb{Z}^+$ の無限部分集合が可算であることを示す．B を $\mathbb{Z}^+$
の無限部分集合とする．$B = B_1$ としておき，B_1 の最小の元が b_1 であるとき，

54   第4章 集合の濃度

$B_2 = B_1 - \{b_1\}$ とする．さらに，B_2 の最小の元 b_2 のとき，$B_3 = B_2 - \{b_2\}$ とする．同様に，$B_{i+1} = B_i - \{b_i\}(i = 3, 4, 5, \ldots)$ となるように繰り返せば，可算集合 $B = \{b_1, b_2, b_3, \ldots, b_n, \ldots\}$ が得られる（$\mathbb{Z}^+$ から B への全単射が存在）． $\square$

$\mathbb{Z}^+$ に代表される可算集合は無限集合の中でも最も小さい集合にあたる．このことは次の定理を用いて証明される（問 4.13 参照）．

定理 4.7　無限集合の部分集合

任意の無限集合は，必ず可算集合を部分集合として含む．

[証 明]

与えられた無限集合 A から 1 つの元 a_1 を取り出し，集合 B に含める．次に，$A - \{a_1\}$ から 1 つの元 a_2 を取り出し，集合 B に含める．これを n 回繰り返すと，$B = \{a_1, a_2, \ldots, a_n\}$ が得られ，$A - B \neq \varnothing$ であるため，$A \supset B$．A は無限集合であるため，さらに繰り返すことができ，$\mathbb{Z}^+$ のすべての元 $1, 2, \ldots, n, \ldots$ に対して，A から元を取り出して得られる $B = \{a_1, a_2, \ldots, a_n, \ldots\} \subset A$ は可算集合となる[4)]． $\square$

定理 4.8　無限集合と補集合

無限集合 A のたかだか可算な部分集合を B とし，A に対する B の補集合を $X(= A - B)$ とする．このとき，次式が成り立つ．

$$X \text{ が無限集合} \Longrightarrow X \sim A \tag{4.13}$$

[証 明]

X が無限集合であれば，可算な部分集合 Y を含む（定理 4.7 より）．X に対する Y の補集合を Z とする（下図 (a), (b)）．

[4)] ここでは証明の概略を述べた．厳密には無限集合 A のすべての空ではない部分集合の集合（集合族）を考え，選択公理を使って証明される（詳細は参考文献 [3] などを参考のこと）．

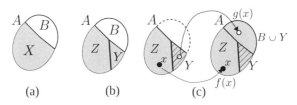

すなわち，$X = Y \cup Z$, $A = B \cup Y \cup Z$. B がたかだか可算，Y が可算なので，$B \cup Y$ は可算集合である．したがって，全単射 $g : Y \to B \cup Y$ が存在する（同図 (c)）．そこで，関数 $f : X \to A$ を次のように定義すれば全単射となる．

$$f(x) = \begin{cases} g(x), & x \in Y \text{ のとき} \\ x, & x \in Z \text{ のとき} \end{cases}$$

したがって，$X \sim A$ が成り立つ． □

この命題より，区間 $[a,b]$ から 1 つあるいは 2 つの元を取り除いた $[a,b), (a,b], (a,b)$ はいずれも $[a,b]$ と対等であることがわかる．例 4.10 のように具体的な区間に対する単射（あるいは全単射）を作ってみせなくとも，一般的に成り立つこの命題を用いれば，対等であることが容易に示される．

さらに，この命題からに次の命題が成り立つ．

定理 4.9　無限集合と真部分集合

無限集合は，それ自身と対等な真部分集合を含む．

問 4.13 定理 4.9 を証明せよ．

4.5 無限の濃度の大小

有限の濃度の場合，濃度の大小は要素数の大小（正整数の間の大小関係）に他ならない．すなわち，有限集合 A, B の要素数がそれぞれ m, n で，$m \leq n$ であれば，$|A| \leq |B|$ である．このことは濃度の定義より，右図のように「A の各元」と「B の部分集合の各元」を 1 対 1 に対応付けるこ

56   第 4 章　集合の濃度

とで比べた結果である．言い換えれば，A から B の部分集合 B' への全単射が
存在する（A から B への単射が存在することと同値）ならば，$|A| \leqq |B|$ であ
る．明らかに，B' が B の真部分集合ならば，$|A| < |B|$ である．

　無限の濃度では，単射の存在をもとに濃度の大小が次のように定義される．

定義 4.9　濃度の大小

　2 つの集合 A, B の濃度 $|A|, |B|$ の大小を次のように定める．

　(1)　<u>単射 $A \to B$ が存在する</u> $\Longrightarrow |A| \leqq |B|$

　(2)　$|A| \leqq |B|$ かつ $|A| \neq |B| \Longrightarrow |A| < |B|$

この定義より，次式がなりたつ．

命題 4.2　濃度

　濃度 $\mathfrak{m}, \mathfrak{n}, \mathfrak{p}$ について次式が成り立つ[5]．

$$\mathfrak{m} \leqq \mathfrak{m} \tag{4.14}$$

$$\mathfrak{m} \leqq \mathfrak{n} \text{ かつ } \mathfrak{n} \leqq \mathfrak{m} \Longrightarrow \mathfrak{m} = \mathfrak{n} \tag{4.15}$$

$$\mathfrak{m} \leqq \mathfrak{n} \text{ かつ } \mathfrak{n} \leqq \mathfrak{p} \Longrightarrow \mathfrak{m} \leqq \mathfrak{p} \tag{4.16}$$

$\mathfrak{m} \leqq \mathfrak{n}$ であるとき，$\mathfrak{m}$ は $\mathfrak{n}$ を超えない（$\mathfrak{m}$ は $\mathfrak{n}$ 以下である）といい，$\mathfrak{m} < \mathfrak{n}$
であるとき，$\mathfrak{m}$ は $\mathfrak{n}$ より大きいという．

　なお，式 (4.15)は，次に示すように Bernstein の定理の別の表現にあたる．

定理 4.10　Bernstein の定理 4

　集合 A, B について，$|A| \leqq |B|$ かつ $|B| \leqq |A|$ ならば，$|A| = |B|$

【例 4.13】 濃度の大小

　無限集合 $\mathbb{Z}^+, \mathbb{N}, \mathbb{Z}$ には，$\mathbb{Z}^+ \subset \mathbb{N} \subset \mathbb{Z}$ の関係が成り立っているが，
$|\mathbb{Z}^+| = |\mathbb{N}| = |\mathbb{Z}|$ であり，$|\mathbb{Z}^+| < |\mathbb{N}| < |\mathbb{Z}|$ は成り立たない．

---

[5] $\mathfrak{m}, \mathfrak{n}, \mathfrak{p}$ はドイツ文字であり，濃度を表すために用いられる．

4.6 非可算集合 57

問 4.14 任意の無限の濃度を $\mathfrak{m}$ とすれば，$\aleph_0 \leqq \mathfrak{m}$ が成り立つ．すなわち，可算集合は無限集合の中でも最も小さい集合にあたることを示せ．

コラム：濃度の比較可能性 ....

任意の 2 つの集合 A, B の濃度は常に比較可能であろうか．すなわち，

$$|A| < |B|, \quad |A| = |B|, \quad |A| > |B| \tag{4.17}$$

のいずれか一つが必ず成り立つ（いずれであるのかを判断できる）のだろうか．この問題は整列集合（次章）の議論に関連しており，選択公理にもとづいて成り立つことが証明される．このように選択公理（3.7.2 項）は集合論のなかでも重要な役割を果たす．
....

4.6 非可算集合

4.6.1 連続の濃度

定理 4.7 より，任意の無限集合 X は可算な部分集合を含む．そのため，$|X| \geqq \aleph_0$ である（問 4.14 参照）．それでは，可算ではない，すなわち，$|X| \geqq \aleph_0$ である集合 X は存在するのであろうか．

定義 4.10 非可算集合

$\aleph_0$ よりも大きい濃度をもつ集合を**非可算集合** (uncountable set) とよぶ．

このような集合の一つが，次の定理で示される実数全体の集合 $\mathbb{R}$ である．

定理 4.11 $\mathbb{R}$ の濃度

$\mathbb{R}$ は可算集合ではない（$\mathbb{R}$ の濃度は $\aleph_0$ ではない）．

---

58   第4章 集合の濃度

[証 明]

「ℝ が可算集合である」と仮定すれば，その部分集合もまた可算集合である（命題 4.6 より）．そこで，ℝ の部分集合 $A = \{x \mid 0 < x < 1\}$ を考える．ここで，各元は無限小数で表すこととする．たとえば，$0.14 = 0.13999999\cdots$ とする．

A が可算集合であれば，$\mathbb{Z}^+$ からの全単射 ψ が存在し，A のすべての元を，次のように $\psi(1), \psi(2), \ldots$ と順に並べることができる．

$$\psi(1) = 0.\boxed{a_{11}}\,a_{12}a_{13}a_{14}\cdots$$
$$\psi(2) = 0.a_{21}\boxed{a_{22}}\,a_{23}a_{24}\cdots$$
$$\psi(3) = 0.a_{31}a_{32}\boxed{a_{33}}\,a_{34}\cdots$$
$$\vdots \qquad \vdots$$
$$\psi(n) = 0.a_{n1}a_{n2}a_{n3}a_{n4}\cdots\boxed{a_{nn}}\cdots$$
$$\vdots \qquad \vdots$$

そして，A の元として，次のようにして，$b = 0.b_1b_2b_3b_4\cdots$ を構成する（$n \in \mathbb{Z}^+$）．

$$b_n = \begin{cases} 1, & a_{nn}\text{が偶数 }(0,2,4,6,8)\text{ のとき} \\ 2, & a_{nn}\text{が奇数 }(1,3,5,7,9)\text{ のとき} \end{cases}$$

この b は 0 より大きく，1 より小さい実数であり，$b \in A$ が成り立つはずであるが，b の小数第 n 位と，$\psi(n)$ の小数第 n 位とは相異なる．そのため，どの $n \in \mathbb{Z}^+$ についても，b は $\psi(n)$ と等しくなく，$b \in A$ は成り立たず，矛盾が生じる．したがって，「ℝ が可算集合である」とした仮定は成り立たず，ℝ は可算集合ではない．   □

この証明のように，新しい数 b の小数第 n 位の値（1 または 2）を定めるのに，ℕ と 1 対 1 に対応づけられた A の元 $\psi(n)$ の対角線の値を用いる論法は**対角線論法** (diagonal method) とよばれている．

このように，無限の濃度は一種類ではなく，ℝ の濃度は $\overset{\text{アレフ}}{\aleph}$ と表される．この ℝ と対等な区間 $[a, b], [a, b), (a, b], (a, b)$ の濃度はいずれも $\aleph$ である

$(a, b \in \mathbb{R}, a < b)$.

そして，$\aleph$ は**無限の濃度**または**連続体の濃度**，あるいは単に**連続の濃度**とよばれる．

定理 4.11 より，次の命題が成り立つ．

定理 4.12　連続の濃度

連続（無限）の濃度は可算の濃度よりも大きい．すなわち，

$$\aleph_0 < \aleph \tag{4.18}$$

特に，$\mathbb{R}$ は非可算集合である．

問 **4.15**　$\mathbb{R}$ の部分集合 X が開区間 (a, b) を含むとき，次式を示せ．

$$|X| = \aleph \tag{4.19}$$

コラム：連続体仮説 ....

$\aleph_0$ より大きく，$\aleph$ よりは小さい濃度の集合 X は存在するのだろうか．すなわち，次式を満たす集合 X の存在である．

$$\aleph_0 < |X| < \aleph$$

集合論の創始者である Cantor はそのような集合は存在しないだろうと予想した．この予想は**連続体仮説** (continuum hypothesis) とよばれている．
....

4.6.2　連続の濃度の性質

例 4.9 では可算集合 $\mathbb{Z}^+$ が，$\mathbb{Z}^+ \times \mathbb{Z}^+$ と対等であることを述べた．このことは，平面上の格子点と直線上の点とが 1 対 1 に対応づけられることでもある．それでは，非可算集合である $\mathbb{R}$ と $\mathbb{R} \times \mathbb{R}$ は対等であろうか．つまり，平面上の点と数直線上の点とを 1 対 1 に対応づけられる，言い換えれば「平面上のすべ

60   第4章　集合の濃度

ての点の集合」と「数直線上のすべての点の集合」は対等なのだろうか．これ
については次の命題が成り立つ（証明は章末問題）．

命題 4.3　平面と直線

$\mathbb{R} \times \mathbb{R}$ と $\mathbb{R}$ は対等である．

詳細は省略するが，$\mathbb{R}^3$ で表される 3 次元空間もまた $\mathbb{R}^2$ と対等であり，そし
て $\mathbb{R}$ とも対等である．つまり，3 次元空間の点と直線上の点とが 1 対 1 に対応
するのである．さらには，$\mathbb{R}^4, \mathbb{R}^5, \ldots$ と $\mathbb{R}$ が対等である．なお，これら直積の
濃度はいずれも $\aleph$ である．

それでは，$\aleph$ よりも大きな濃度はあるのだろうか．この答えは次の定理が示
してくれる（証明については参考文献を参照されたい）．

定理 4.13　ベキ集合の濃度

任意の集合 A について，そのベキ集合 $\mathscr{P}(A)$ の濃度は，A の濃度より
も大きい．すなわち，$|A| < |\mathscr{P}(A)|$

たとえば，$\mathbb{R}$ のベキ集合 $\mathscr{P}(\mathbb{R})$ の濃度は $\aleph$ よりも大きい[6]．さらに，$\mathscr{P}(\mathbb{R})$
の濃度よりも，$\mathscr{P}(\mathscr{P}(\mathbb{R}))$ の濃度が大きい．このように，次々にベキ集合を作っ
ていけば際限なく大きな濃度を作ることができる．

$$\aleph_0 < \aleph < |\mathscr{P}(\mathbb{R})| < |\mathscr{P}(\mathscr{P}(\mathbb{R}))| < |\mathscr{P}(\mathscr{P}(\mathscr{P}(\mathbb{R})))| < \cdots \tag{4.20}$$

問 4.16　集合 A, B, A', B' に対して，次式が成り立つことを示せ．

$$A \sim A' \text{ かつ } B \sim B' \text{ ならば，} A \times B \sim A' \times B' \tag{4.21}$$

---

[6] この $\mathscr{P}(\mathbb{R})$ は，$\mathbb{R}$ から $\mathbb{R}$ への関数全体の集合（実数値関数全体の集合）と対等である．

発展問題 61

■■■■■■ 発 展 問 題 ■■■■■■

4.1 次の関数 g は，$\mathbb{Z}^+ \times \mathbb{Z}^+$ から $\mathbb{Z}^+$ への全単射である．

$$g(m,n) = \frac{1}{2}(m+n-1)(m+n-2) + n$$

$(1,1)\ (1,2)\ (1,3)\ (1,4)\cdots$
$(2,1)\ (2,2)\ (2,3)\ (2,4)\cdots$
$(3,1)\ (3,2)\ (3,3)\ (3,4)\cdots$
$(4,1)\ (4,2)\ (4,3)\ (4,4)\cdots$
$\vdots \quad \vdots \quad \vdots \quad \vdots$

このとき，$\mathbb{Z}^+ \times \mathbb{Z}^+$ の元 (m,n) をどのような順序で $\mathbb{Z}^+$ の元に対応付けているのかを上図をもとに説明しなさい．

4.2 有理数全体の集合 $\mathbb{Q}$ が可算集合であることを証明せよ．
〔ヒント〕有理数 $\frac{m}{n}$ は，$\mathbb{Z} \times \mathbb{Z}^+$ の元とみなすことができる．そのため，$\mathbb{Z} \times \mathbb{Z}^+$ が可算であることを示せばよい．

4.3 「0 と 1」の 2 種類の数が並んだ無限長の数列全体の集合 B が可算集合でないことを証明せよ．
〔ヒント〕B の元には，$1010101\cdots, 00110101\cdots$ などがある．B が可算集合であると仮定し，対角線論法により証明すればよい．

4.4 無理数全体の集合 $\mathbb{I}\ (= \mathbb{R} - \mathbb{Q})$ の濃度は $\aleph$ であることを示しなさい．
〔ヒント〕定理 4.8 を用いて，実数のなかで無理数の方が有理数よりもたくさんあることを示す．

4.5 命題 4.3「$\mathbb{R} \times \mathbb{R} \sim \mathbb{R}$」が成り立つことを示しなさい．
〔ヒント〕問 4.16 の式 (4.21) を利用する．

第 5 章 順序集合

5.1 集合への構造の導入

これまでは，ある集合 A に属する元が満たす「条件」に着目し，ある対象が A に属するかどうか，あるいは，A と他の集合に同時に属する元はどのような性質をもつかなどを考察してきた．たとえば，集合 $\{1,3,5\}$ は，$\{1,5,3\}$ や $\{5,1,3\}$ と同一視していた．本章では，集合に「順序関係」とよばれる構造を導入し，議論を発展させる．具体的には，「大小，前後，上位・下位」などといった順序関係を導入することで，上図のように元どうしが潜在的にもっている構造を明らかにする．

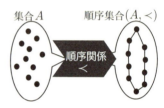

なお，次章以降では，順序ではなく「近さ」の概念を集合に導入して得られる**位相**について述べていく．

5.2 順序関係

2 項関係の 3 つの性質「反射律，対称律，推移律」（4.1.3 項参照）に「反対称律」と「比較可能性」を新たに加え，関係の性質をより詳しく考えてみよう．

定義 5.1　2 項関係の性質

　R を集合 A 上の 2 項関係とし，$x, y, z \in A$ とする．

反射律 (reflexivity)	すべての x について xRx
対称律 (symmetry)	$xRy \Longrightarrow yRx$
推移律 (transitivity)	xRy かつ $yRz \Longrightarrow xRz$

	反対称律 (antisymmetry)	xRy かつ $yRx \Longrightarrow x = y$

反対称律 (antisymmetry) xRy かつ $yRx \Longrightarrow x = y$

比較可能性 (comparability) すべての x, y について，xRy あるいは yRx の少なくとも一方が成立

【例 5.1】 反対称律と比較可能性

　反対称律が成り立つ関係の一つに，整数や実数 x, y についての大小関係 $\leqq$ がある．$\leqq$ では，対称律（$x \leqq y$ かつ $y \leqq x$）は常に成り立たず，成り立つときには $x = y$ である．また，この $\leqq$ は，たとえば，任意の整数 x, y について，「$x \leqq y$ あるいは $y \leqq x$」が必ず成立するため，比較可能性でもある．

問 5.1 整数 x, y についての整除関係 $x|y$ が，反対称律，比較可能性を満たすかどうかをそれぞれ答えよ．

　ある集合上の 2 項関係が，どの性質を満たすかによって，次表のように呼び名が決められている．

		反射律	推移律	対称律	反対称律	比較可能性
同値関係		○	○	○		
順序 関係	半順序関係	○	○		○	
	全順序関係	○	○		○	○

　「反射律，推移律，反対称律」を満たす関係を**半順序関係**あるいは単に**半順序** (semiorder, partial order) とよび，「比較可能性」も同時に満たすときには**全順序関係**あるいは**全順序** (total order)，**線形順序** (linear order) とよぶ．半順序関係と全順序関係をあわせて**順序関係** (order relation) あるいは単に**順序**とよぶ．

【例 5.2】 順序関係

　整数や実数 x, y についての大小関係 $\leqq, <$ は，反射律，推移律，反対称律，比較可能性をいずれも満たす（例 4.3，例 5.1 参照）ことから全順序関係である．

64   第 5 章　順序集合

　これに対して，集合についての包含関係 ⊂ は，反射律，推移律，反対称律を満たしている．しかしながら，たとえば，$\{1,2\}$ と $\{2,3\}$ については，$\{1,2\} \subset \{2,3\}$ も，$\{2,3\} \supset \{1,2\}$ も成り立たず比較可能性ではない．よって，⊂ は半順序関係である．

問 5.2　集合 $A = \{1,2,3\}$ のとき，$A \times A$ 上の関係 $\prec$ を次式とする．

$$a,b,c,d \in A \text{ について，} (a,b) \prec (c,d) \iff a \leqq c \text{ かつ } b \leqq d$$

　この関係 ⋈ が全順序，半順序のいずれであるのか答えなさい．

　順序を表す記号としては $\leqq, \subset$ の他に，$<, >, \ll, \sqsubset$ なども用いられる．以下では，一般的な議論する際の順序を表す記号として主に $\prec$ を用いる．

　今後の議論のために順序関係について，いくつかの用語を定義しておく．

定義 5.2　直前と直後

　相異なる元 a, b, c に $a \prec c \prec b$ が成り立つとき，c は a と b との**間** (between) にあるといい，a と b の間に元がないとき，a を b の**直前** (predecessor) の元，b を a の**直後** (successor) の元とよぶ．

　さらに，関係 $\prec$ における**上位**と**下位**の元を次のように定める．

定義 5.3　上位と下位

　相異なる元 a, b に $a \prec b$ の順序関係が成り立ち，$a \prec b$ であるとき，b は a より**上位**，a は b の**下位**とする

　$a \prec b$ であれば，間の元の存在にかかわらず，b は a の上位である．たとえば，整数上の大小関係において，12 は 10 の上位であるが，10 の直後ではない．

5.3 順序集合

5.3.1 全順序集合と半順序集合

> **定義 5.4 順序集合**
>   集合 A 上に順序関係 $<$ が定義されているとき，集合 A と順序関係 $<$ の組を**順序集合** (orderd set) といい $(A, <)$ とかく．このときの A は**台集合** (underlying set) とよばれる．

$<$ が全順序関係であるとき，$(A, <)$ の台集合 A のすべての元を全順序 $<$ をもとに一列に並べることができる．この $(A, <)$ を**全順序集合** (totally orderd set) または**線形順序集合** (linearly orderd set) という．一方，$<$ が半順序関係であれば $(A, <)$ を，**半順序集合** (partially ordered set, semiordered set) という．このとき，台集合のすべての元を一列に並べることはできない．

【例 5.3】 順序集合

$\mathbb{Z}$ 上の 2 項関係 $\ltimes$ を次のように定める．ここで，a, b は $\mathbb{Z}$ の元である．

$$a \ltimes b \Longleftrightarrow \lceil |a| < |b| \rfloor \text{ または } \lceil |a| = |b| \text{ かつ } a < b \rfloor$$

このとき，$(\mathbb{Z}, \ltimes)$ は全順序集合となり，$\mathbb{Z}$ の元は次のように並べられる．

$$0, -1, 1, -2, 2, -3, 3, -4, 4, \ldots$$

問 5.3 順序集合 $(\mathbb{Z}^+, \ll)$ の $\mathbb{Z}^+$ の元が次のように並べられるとき，あてはまる順序関係 $\ll$ の定義を述べよ．

$$1, 3, 5, 7, 9, \ldots, 2, 4, 6, 8, 10, \ldots$$

5.3.2 部分順序集合

順序集合 $(A, <)$ についての議論では，台集合 A の空ではない部分集合 M を

66   第 5 章　順序集合

考察の対象とすることもある.

定義 5.5　部分順序集合

　順序集合 $(A, <)$ の台集合 A の空ではない部分集合 M の元 $a, b \in M$ について，$<_M$ を次式で定める.

$$a < b \quad \text{のとき，またそのときに限り，} \quad a <_M b \qquad (5.1)$$

　このとき，$<_M$ は M における順序となり，順序集合 $(M, <_M)$ を，$(A, <)$ の**部分順序集合**あるいは単に部分集合といい，次のように書く.

$$(M, <_M) \subset (A, <) \qquad (5.2)$$

もし，$(A, <)$ が全順序集合であれば，部分順序集合も全順序集合となる.

【例 5.4】 順序集合と部分順序集合

　$\mathbb{N} \times \mathbb{N}$ 上の 2 項関係を問 5.2 の $<$ とする. すなわち，

$(a, b), (c, d) \in \mathbb{N} \times \mathbb{N}$ について，$(a, b) < (c, d) \iff a \le c$ かつ $b \le d$.

　このとき，$A = \{0, 1, 2\}$ とし，順序集合 $(\mathbb{N} \times \mathbb{N}, <)$ の部分順序集合を $(A \times A, <)$ において，たとえば，次が成り立つ.

$(0, 0) < (0, 2), \quad (1, 1) < (2, 1), \quad (1, 2) < (2, 2), \quad (2, 1) < (2, 2).$

問 5.4　$\mathbb{N} \times \mathbb{N}$ 上の 2 項関係 $\lhd$ を次のように定める. ここで，$(a, b), (c, d)$ は $\mathbb{N} \times \mathbb{N}$ の元である.

$$(a, b) \lhd (c, d) \iff \text{「} b < d \text{」または「} b = d \text{かつ} a < c \text{」}$$

　このとき，$B = \{0, 1\}$ とし，順序集合 $(\mathbb{N} \times \mathbb{N}, \lhd)$ の部分順序集合を $(B \times B, \lhd)$ とする. $x \lhd y$ が成り立つ $x, y \in B \times B$ をすべて答えよ.

問 5.5　半順序集合 $(A, <)$ の部分順序集合が全順序集合となる例を示せ.

5.3.3 ハッセ図

順序集合 $(A, <)$ は，右図のような**ハッセ図** (Hasse diagram) によって描かれることが多い．ハッセ図では，上位の元を上に配置し，a が b の直前（b が a の直後）であるときに，a と b の間に無向辺（矢印なしの線分）を描く[1]．なお，元は○で囲まずに書かれることもある．

もし，全順序集合をハッセ図で描けば，台集合の元が縦一列に並ぶ．

【例 5.5】 ハッセ図

順序集合 $(\{1,2,3\}, \leqq)$ について，$\leqq$ のグラフは $G(\leqq) = \{(1,1), \underline{(1,2)}, (1,3), (2,2), \underline{(2,3)}, (3,3)\}$ である．台集合の元を○で描き，下線部の $1 \leqq 2, 2 \leqq 3$ に対応する元どうしに線分を引くことで下図のハッセ図が得られる．

また，台集合 $\{1,2,3,4\}$ と整除関係 $|$ についての順序集合 $(\{1,2,3,4\}, |)$ のハッセ図が同図右である．半順序集合であるため一列には並ばない．

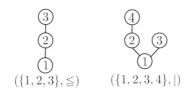

|問 5.6| 集合 $X = \{15, 10, 6, 5, 3, 2, 1\}$ と，整除の関係 $|$（例 4.1 参照）からなる半順序集合 $(X, |)$ をハッセ図として描け．

|問 5.7| 問 5.2 の $<$ についての順序関係，$(A \times A, <)$ をハッセ図で描け．ここで，$A = \{1, 2, 3\}$ とする．

---

[1] 上位の元を上に配置する約束のため，矢印は描かない．

5.3.4 極大・極小と最大・最小

定義 5.6 極大元，極小元，最大元，最小元

順序集合 $(A, <)$ の元 $p, q \in A$ について，次の用語を定める．

極大元　p よりも上位にある元が p 以外には A に存在しないとき，p を A の**極大元** (maximal element) という．

極小元　q よりも下位にある元が q 以外には A に存在しないとき，q を A の**極小元** (minimal element) という．

最大元　極大元が p だけであるとき，p を A の**最大元** (maximum element) といい，$\max A = p$ とかく．

最小元　極小元が q だけのとき，q を A の**最小元** (minimum element) といい，$\min A = q$ とかく

一般的には，「極大元，極小元，最大元，最小元」はいつも存在するとは限らない．もし，最大元が存在するのであれば下図 (b) のように極大元がただ一つのときであり，下図 (a) のように極大元が複数個存在すれば最大元は存在しない．最小元と極小元についても同様である．

【例 5.6】極大元・極小元と最大元・最小元

右図の集合 A において，点 g, h にとって上位の元が存在しないことから，いずれも極大元である．また，点 a よりも下位の元が存在しないことから a は極小元である．なお，右図では極大元が複数個あるために最大元は存在しない．一方，極小元は唯一であるため，これが最小元でもある ($\min A = a$).

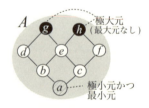

問 5.8 問 5.6 と問 5.7 のハッセ図について，極大元・極小元，最大元・最小元をそれぞれ求めよ．

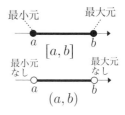

$\mathbb{R}$ の空ではない部分集合 X を台集合とする全順序集合 $(X, \leqq)$ の「最大元，最小元」については，次のことがいえる．右図のように区間を考えた場合，閉区間 $[a,b]$ では最大元と最小元はいずれも存在する．これに対して，開区間 (a,b) では最大元と最小元はいずれも存在しない．

【例 5.7】 区間の最大元・最小元

閉区間 $(0,1)$ には最大元と最小元はともに存在しない．右半開区間 $[0,1)$ では，最大元は存在しないが，最小元は 0 である．

問 5.9 極大元も極小元も存在しない順序集合の例を挙げよ．

5.3.5 上界・下界と上限・下限

順序集合 $(A, \prec)$ の台集合 A の空ではない部分集合 M について，M のすべての元に対する上界・下界などの概念を次のように定める．

定義 5.7　上界・上限

上　界　M のすべての元に対して，上位である A の元を M の**上界**(upper bound) といい，M の上界全体の集合を **Upper** M と表す．

上　限　Upper M の中に最小元 p が存在するとき，p を M の**最小上界**(least upper bound) または**上限** (supremum) といい，**sup** M と表す．

次図 (a) は，上界にあたる元はすべて M に属していないが，そのなかに最小元（上限にあたる）が存在している場合である．同図 (b) は，M の最大元が存在している場合である（上界全体の最小元にあたる）．一方，同図 (c) は上界が存在しない場合である．同様にして，下界と下限も次のように定義される．

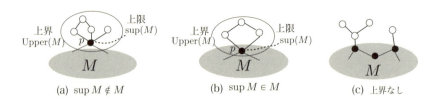

(a) $\sup M \notin M$ (b) $\sup M \in M$ (c) 上界なし

定義 5.8　下界・下限

下 界　M のすべての元に対して，下位である A の元を M の**下界**(lower bound) といい，M の下界全体の集合を **Lower** M と表す．

下 限　Lower M の中に最大元 q が存在するとき，q を M の**最大下界**(greatest lower bound) または**下限** (infimum) といい，$\inf M$ と表す．

これらの用語は次の数式としても定義される

$$\text{上界全体}\quad \text{Upper } M = \{y \mid y \in A, \forall x \in M : x \prec y\} \tag{5.3}$$

$$\text{下界全体}\quad \text{Lower } M = \{y \mid y \in A, \forall x \in M : y \prec x\} \tag{5.4}$$

$$\text{上限（最小上界）}\quad \sup M = \min(\text{Upper } M) \tag{5.5}$$

$$\text{下限（最大下界）}\quad \inf M = \max(\text{Lower } M) \tag{5.6}$$

もし，M の上界が少なくとも 1 つ存在するとき，M は A において**上に有界**という．同様に，M の下界が少なくとも 1 つ存在するとき，M は A において**下に有界**という．M が上にも下にも有界であるとき，M は単に**有界** (bounded) という．

【例 5.8】 上界と下界

右図のハッセ図で表される順序集合の部分集合として $M = \{b, c\}$ を考える．このとき，Upper $M = \{d, e, f, g\}$，Lower $M = \{a\}$ であり，M は有界である．さらに，M の上限は $\sup M = d$，また，M の下限は $\inf M = a$ である．

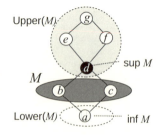

ある元 $x \in A$ から M のすべての元へたどる（下位から上位に向かって辺を

たどる) ことができるならば，その x は M の下界である．同様に，M のすべての元から元 $y \in A$ へたどる（下位から上位に向かって辺をたどる）ことができるならば，その y は M の上界である．

問 5.10 右図のハッセ図について以下を求めよ．
(a) $M_1 = \{d, e, f\}$ のとき，Lower M_1，inf M_1
(b) $M_2 = \{c, d, e, f\}$ のとき，Upper M_2，sup M_2
(c) $M_3 = \{f, g, h\}$ のとき，inf M_3，sup M_3

$\mathbb{R}$ の空ではない部分集合 X を台集合とする全順序集合 $(X, \leqq)$ の「上界，上限，下界，下限」については，次のことがいえる．右図の閉区間では上界全体は $[b, \infty)$，上限は $b \in X$ であり，下界全体は $(-\infty, a]$，下限 $a \in X$ である．一方，開区間では，上界全体は $[b, \infty)$，上限は $b \notin X$ であり，下界全体は $(-\infty, a]$，下限 $a \notin X$ である．

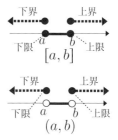

このように，閉区間 $[a, b]$ については，a は最小元かつ下限，b は最大元かつ上限である．また，開区間 (a, b) については，a は下限，b は上限で，最大元と最小元は存在しない

【例 5.9】 区間の上界・下界・上限・下限

$\mathbb{R}$ の部分集合 $S = \{x \in \mathbb{R} \mid x < 0\} = (-\infty, 0)$ は，全順序 $\leqq$ について，上に有界であり，上界全体の集合 Upper $S = \{x \mid x \geqq 0\}$，上限 sup $S = 0 \notin S$ である．また，$S' = \{x \in \mathbb{R} \mid x \leqq 0\} = (-\infty, 0]$ の場合，上界全体の集合 Upper $S' = \{x \in \mathbb{R} \mid x \geqq 0\}$ であり，sup $S' = 0 \in S'$ である．

問 5.11 上界が存在しない区間と，下界が存在しない区間の例を，それぞれ挙げよ．

72   第 5 章　順序集合

> コラム：実数の連続性 ....
>
> 実数の基本性質の一つが次に示す「実数の連続性」である.
>
> $\mathbb{R}$ の空でない部分集合を S とする. このとき,
>
> $$S \text{ が上に有界} \implies \text{上限が存在する} \tag{5.7}$$
> $$S \text{ が下に有界} \implies \text{下限が存在する} \tag{5.8}$$
>
> 　この性質は実数がもつ最も重要な性質であり, 解析学の精密な理論はこの性質にもとづいて展開される. たとえば, $S = \{x \mid x \in \mathbb{R}, 0 < x, x^2 < 5\}$ のとき, 上界全体は $\mathrm{Upper}\, S = \{x \in \mathbb{R} \mid \sqrt{5} \leqq x\}$ であり, 上限は $\sup S = \sqrt{5}$ である.
>
> 　これに対し, 有理数全体の集合 $\mathbb{Q}$ の場合には, 空でない上に有界な部分集合がいつも上限をもつとは限らない. たとえば, $\mathbb{Q}$ の部分集合が $S' = \{x \mid x \in \mathbb{Q}, 0 < x, x^2 < 2\}$ のとき, 2 などが上界であるが, 上限は存在しない [2].
>
> 　このような性質が順序集合の概念（有界, 上限, 下限など）を用いて表現されることに注意されたい.
> ....

5.4　順序同型

　1.2.1 項では,「6 の約数全体の集合」へ整除関係の導入例を示した. この集合を $D = \{1, 2, 3, 6\}$ として, 図示したのが次図 (a) である. 他の例として, 4 つの集合を元とする $S = \{\varnothing, \{1\}, \{2\}, \{1, 2\}\}$ へ包含関係を導入したのが同図 (b) である. 両者を見比べると, 各集合の 4 つの元の矢印による結びつきには類似性が見られる. このことは, 数学的には同型であるとよばれる.

---

[2] 詳細は, 松坂和夫：集合と位相（新装版）, 岩波書店 (2018) などを参照

5.4 順序同型

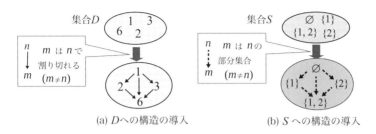

(a) D への構造の導入　　(b) S への構造の導入

このように，異なる元からなる集合どうしであっても，構造を導入することであらたな知見が得られる．さらに，ある問題の解決策を考えるときに，その問題（のなかの集合）の構造と類似性のある（集合の）構造についての解決策を参考にすることができる．

そこで，順序集合どうしの同型を次の順序同型写像を用いて定める．

定義 5.9　順序同型写像

順序集合 $(A, <)$ と $(B, \ll)$ について，条件

$$\text{すべての } x, y \in A \text{ について，} x < y \text{ ならば } \varphi(x) \ll \varphi(y) \tag{5.9}$$

を満たす写像 $\varphi : A \to B$ が存在するとき，この φ を $(A, <)$ から $(B, \ll)$ への**順序準同型写像** (order homomorphism) または**順序を保つ写像**とよぶ．さらに，φ が全単射で $\varphi^{-1} : B \to A$ も順序準同型写像であるとき，φ を**順序同型写像** (order isomorphism) とよぶ．

この定義にある順序準同型写像（順序を保つ写像）と順序同型写像の違いの理解のために次の例 5.10 を示す．

【例 5.10】順序準同型写像

次図 (a) のハッセ図において，台集合 $A = \{a, b, c, d\}$ の順序集合から台集合 $B = \{1, 2, 3, 4\}$ の順序集合への写像 $\psi : A \to B$ は，任意の $x, y \in A$ について，式 (5.9) を満たしている．たとえば，「$a \ll b$ のときは $1 < 2$」であり，「$b \ll d$ のときは $2 < 3$」である[3)]．さらに，次図 (b) の写像 $\delta : A \to B$ も式 (5.9) を満たす．

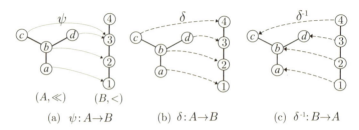

(a) $\psi: A \to B$　　(b) $\delta: A \to B$　　(c) $\delta^{-1}: B \to A$

このように ψ と δ はともに順序準同型写像である．しかしながら，ψ は単射ではないため，順序同型写像ではない．一方，δ は単射ではあるが，上図 (c) の逆写像 $\delta^{-1}: B \to A$ は，$\delta^{-1}(3) < \delta^{-1}(4)$ のときに，$d \ll c$ ではなく，式 (5.9) を満たさないことから順序同型写像ではない．

順序同型写像の例については，例 5.11 で示すこととし，その前に，順序同型写像を用いて，順序集合どうしの関係を次のように定める．

定義 5.10　順序同型

順序集合 $(A, <)$ と $(B, \ll)$ について，順序同型写像が存在するとき，両者は**順序同型** (isomorphic) とよび，次式で表す．

$$(A, <) \simeq (B, \ll) \tag{5.10}$$

略して，$A \simeq B$ とも表される．

【例 5.11】順序同型写像

台集合 $A = \{a, b, c, d, e\}$ の順序集合を右図 (a)，台集合 $B = \{1, 2, 3, 4, 5\}$ の順序集合を右図 (b) のハッセ図とする．このとき，次の全単射 $\varphi: A \to B$ により，両者は順序同型 $A \simeq B$ である

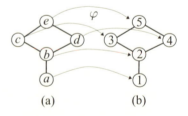

(a)　　(b)

$\varphi(a) = 1, \quad \varphi(b) = 2, \quad \varphi(c) = 3, \quad \varphi(d) = 4, \quad \varphi(e) = 5$

---

[3] c, d については，$c \ll d$ と $c \not\ll d$ がいずれも成り立たず，前提が偽であることから式 (5.9) を満たす（付録 A.1.1 項参照）．

5.4 順序同型 75

このφの他に，次のψ : A ↦ B もまた順序同型写像である．

$$\psi(a) = 1, \quad \psi(b) = 2, \quad \psi(c) = 4, \quad \psi(d) = 3, \quad \psi(e) = 5$$

A の最大元 e と最小元 a は，B の最大元 1 と最小元 5 にそれぞれ対応づける必要がある．また，A の最小元 e の上位 b と，B の最小元 1 の上位 2 を対応づける必要がある．そして，これら以外の元 $c, d \in A$ と $3, 4 \in B$ についての対応付けは 2 通りあり，順序同型写像は 2 種類存在する．

問 5.12 例 5.11 の図 (a) の順序集合について，自分自身への順序同型写像 $A \to A$ をすべて挙げよ．

順序同型の関係 $\simeq$ について，次のことが成り立つ．

命題 5.1　順序同型の関係

$(A, <), (B, \ll), (C, \sqsubset)$ を順序集合とする．

$$(A, <) \simeq (A, <) \tag{5.11}$$
$$(A, <) \simeq (B, \ll) \implies (B, \ll) \simeq (A, <) \tag{5.12}$$
$$(A, <) \simeq (B, \ll) \text{ かつ } (B, \ll) \simeq (C, \sqsubset) \implies (A, <) \simeq (C, \sqsubset) \tag{5.13}$$

$(A, <) \simeq (B, \ll)$ のときの順序同型写像は全単射 $A \to B$ であるから，A と B は対等 $A \sim B$，すなわち，濃度が等しい．しかしながら，$A \sim B$ であったとしても，必ずしも $(A, <) \simeq (B, \ll)$ であるとは限らない．言い換えれば，2 つの順序集合の（台集合の）間の全単射が必ずしも順序関係を保存する全単射であるとは限らない．

【例 5.12】 順序同型

順序関係を大小関係 $\leqq$ とする順序集合 $(\mathbb{N}, \leqq), (\mathbb{Z}, \leqq), (\mathbb{Q}, \leqq), (\mathbb{R}, \leqq)$ は，どの 2 つも互いに順序同型ではない．

$\mathbb{R}$ は，他の可算集合と濃度が異なるため，他と順序同型ではない．また，$\mathbb{Q}$ の異なる 2 つの元，たとえば $\frac{2}{2}$ と $\frac{4}{2}$ の間には，無数の元が存在する

76　第 5 章　順序集合

$\left(\dfrac{3}{2}, \dfrac{5}{4}\, \text{など}\right)$. 一方，$\mathbb{Z}$ の異なる 2 つの元の間，たとえば 1 と 2 の間には元が存在しない．このように，$\mathbb{Q}$ は他の集合と濃度が異なり，他の順序集合と順序同型ではない．

　他の順序集合については問 5.13 を参照のこと．

問 5.13　$(\mathbb{N}, \leqq)$, $(\mathbb{Z}, \leqq)$, $(\mathbb{Q}, \leqq)$ は順序同型ではないことを示せ．

5.5　整列集合

5.5.1 | 最小元をもつ順序集合

　自然数全体の集合 $\mathbb{N}$ を台集合，関係を $\leqq$（より小さいかまたは等しい）とする全順序集合 $(\mathbb{N}, \leqq)$ の特徴的な性質の一つが次の定理である．

定理 5.1　$\mathbb{N}$ の最小元

　$\mathbb{N}$ の任意の空でない部分集合は最小元をもつ．

[証 明]

　$\mathbb{N}$ の空ではない部分集合を M とする．もし，$0 \in M$ ならば最小元は 0 である（$\min M = 0$）．M が n 以下の自然数を含む場合に最小元をもつ（帰納法の仮定）とし，$n + 1 \in M$ の場合にも成り立つことを示す．もし，M が n 以下の自然数も含んでいれば最小元をもつ．また，M が n 以下の自然数を含んでいなければ，$n + 1$ が最小元となる．　　　　　□

　以下では，議論の都合上，順序関係として $\leqq$ を用いることにする[4]．

定義 5.11　整列集合

　全順序集合 $(W, \leqq)$ が，その空でない任意の部分集合 M がいつも最小元をもつとき，$(W, \leqq)$ を**整列集合**（well-orderd set）という．

---

[4] $\leqq, >, =$ の関係を区別して議論することになるため．

右図のように台集合 W（最小元は a）の中から
いくつかの元を任意に選びだしたとしても，選び
出された元の中には最小元が存在する[5]．すなわ
ち，部分集合 $M_1, M_2 \subset W$ には最小元 b, c がそれぞれ存在する.

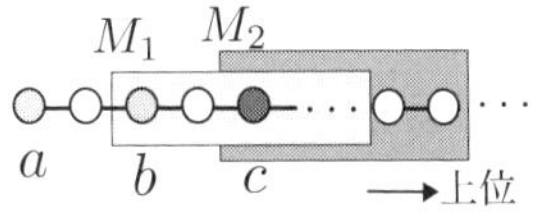

【例 5.13】整列集合

$(\mathbb{N}, \leqq)$ は整列集合であるが，$\mathbb{Z}, \mathbb{Q}, \mathbb{R}$ を台集合とする順序集合は，いず
れも最小元をもたないため整列集合ではない.

このように，数を元とする無限集合の多くは整列集合ではない．定理 5.1
は，数の中でも $\mathbb{N}$ や $\mathbb{Z}^+$ がもつ特別な性質ともいえる.

問 5.14　「整列集合の部分集合もまた整列集合である」ことを示せ.

問 5.15　整列集合を「空でない任意の部分集合がいつも最小元をもつ 全順序
集合」と定めた．実は，この定義の「全順序」を単に「順序」とし
てもよい．その理由を答えよ.

【例 5.14】整列集合と順序同型

整列集合 $(\mathbb{Z}^+, \leqq)$ と $(E, \leqq)$ とは，$\mathbb{Z}^+ = \{1, 2, 3, \ldots\}$ から $E = \{2, 4, 6, \ldots\}$ への順序同型写像 $\varphi(x) = 2x$ が存在することから同型である.

問 5.16　$V = \{2, 4, 8, 16, \ldots\}$ のとき，整列集合 $(\mathbb{Z}^+, \leqq)$ と $(V, \leqq)$ は，順序
同型であることを示せ.

5.6　Zorn の補題と整列可能定理

5.6.1　選択公理

3.7.2 項の添字つき集合族 $\{A_i\}_{i \in I}$ において，$A_i = \varnothing$ であるような $i \in I$ が

---

[5] ある元（たとえば b）から直後の元ばかりを選ぶように描いているが，任意に選んでもよい.

78　　第 5 章　順序集合

少なくとも 1 つ存在するならば，$\prod_{i \in I} A_i = \varnothing$ であることを述べた．さらに，このことの裏（逆の対偶）にあたる命題として選択公理（公理 3.1）を示した．ここでは，選択公理を次のように表し，5.6.3 項で整列可能定理との関連性を議論する．

公理 5.1　選択公理（別表現）

　任意の集合 A の空でないすべての部分集合の全体を $\mathcal{M}$ とするとき，任意の $S \in \mathcal{M}$ に対して $\Phi(S) \in S$ となるような $\mathcal{M}$ で定義された Φ が存在する．

　Φ を選択関数として，A の各部分集合 M から元を選択できるとしたのが選択公理である．この選択公理を認めれば，5.6.3 項の整列可能定理（定理 5.3）が成り立つ．さらに，整列可能定理からこの選択公理が成り立つことも示される．そのため，整列可能定理と選択公理は論理的に同値である．

　なお，「整列可能定理から選択公理を導く」ことは比較的に容易である（5.6.3 項）．これに対し，「選択公理から整列可能定理を導く」際には，次項の帰納的順序集合や Zorn の補題（補題 5.3）が重要な役割を果たす．

5.6.2 Zorn の補題

　3.7.2 項の公理 3.1「選択公理（ツェルメロの公理）」と論理的に同等なものに，「Zorn の補題 (Zorn's lemma)」と「整列可能定理」がある．これらを示すために，まず，順序集合が帰納的であることを次のように定める．

定義 5.12　帰納的順序集合

　順序集合 $(A, \leqq)$ は，すべての全順序部分集合が上限をもつとき，**帰納的**であるといい，そのような集合を**帰納的順序集合** (inductively orderd set) という．

5.6 Zorn の補題と整列可能定理　79

【**例 5.15**】帰納的順序集合

$x, y \in \mathbb{Z}^+$ について，$x \mid y$ かつ $x \neq y$ のとき，$x < y$ と定める．$(\mathbb{Z}^+, <)$ を順序集合とするとき，この順序集合は帰納的順序集合ではない．たとえば，$\{2^n \mid n \in \mathbb{Z}^+\} = \{2, 4, 8, 16, \dots, 2^n, \dots\}$ を台集合とする全順序部分集合には上限がないためである．

一方，集合 W をもとにつくられる順序集合 $(\mathscr{P}(W), \subset)$ は帰納的順序集合である．$(\mathscr{P}(W), \subset)$ の任意の全順序部分集合 $\mathcal{M}$ について，$\bigcup_{A \in \mathcal{M}} A$ は上限だからである．

帰納的集合について次の補題が成り立つ．

補題 5.1　帰納的順序集合上の写像

帰納的順序集合 A 上の写像 φ が，A のすべての元 x に対して $\varphi(x) \geqq x$ であるとき，$\varphi(a) = a$ となる $a \in A$ が存在する．

選択公理により次の補題 5.2 が成り立つ．

補題 5.2　順序集合上の写像

極大元をもたない順序集合 A 上の写像 φ で，A のすべての元 x に対して $\varphi(x) > x$ となるものが存在する．

次の Zorn の補題は，これら 2 つの補題から導かれる．

補題 5.3　Zorn の補題

帰納的順序集合は，少なくとも 1 つの極大元をもつ．

5.6.3 | 整列可能定理

Zorn の補題を用いれば，次の**整列可能定理** (wellordering theorem) が証明される．

80   第 5 章　順序集合

定理 5.2　整列可能定理

任意の集合 A に適当な順序関係 $\leqq$ を定義し，$(A, \leqq)$ を整列集合とすることができる．

この整列可能定理から選択公理は次のようにして導き出される[6]．

整列可能定理によれば，A に適当な順序関係を定義し整列集合をつくることができる．そこで，整列集合 A の空でない各部分集合 S は最小元をもつことから，$\Phi(S) = \min S$ として写像を定義できる．この Φ は A のすべての部分集合 $\mathscr{P}(A)$ から A への写像である．

選択公理を使うことで，Zorn の補題が証明され，Zorn の補題より，整列可能定理が証明される．選択公理と整列可能定理が同値であるだけではなく，Zorn の補題も加えた 3 つが論理的に同値であることが示されている．

■■■■ 発 展 問 題 ■■■■

5.1 順序集合 $(A, <)$ において，最大元や最小元が存在するなら一意に定まることを示しなさい．

5.2 集合 $A = \{a_1, a_2, \ldots, a_n\}$ と整除関係 | からなる順序集合 $(A, |)$ における A の上限，下限をそれぞれ求めよ．

5.3 「整列集合に同型な順序集合は，整列集合である」ことを示せ．

5.4 整列集合 $(W, \leqq)$ の W の各元 x について，ある性質 $p(x)$ が次の 2 つの条件を満たすとき，$p(x)$ は W のすべての元について成り立つことを示せ．

    (i) W の最小元 a_0 について $p(a_0)$ が成り立つ．

    (ii) W の任意の元 x $(x \neq a_0)$ について，すべての $y < x$ について $p(y)$ が

---

[6] 整列可能定理の証明も含めた詳細は，参考文献[2]，[3] などを参照のこと．

成り立てば，$p(x)$ が成り立つ．

なお，これは自然数に関する数学的帰納法の一般化であり，**超限帰納法** (transfinite induction) とよばれている．

5.5 半順序集合 $(A, \prec)$ は，すべての 2 元集合（要素数が 2 の A の部分集合）に対して，常に上限と下限が存在するとき**束** (lattice) であるという．ハッセ図で描かれた下図の (a)〜(d) の半順序集合，それぞれについて，束であるかどうかを答えよ．

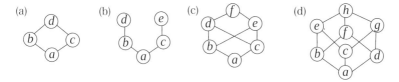

第 6 章
距離空間

　位相空間論は数学のあらゆる分野の基礎となるものであり，大学では 1, 2 年次に開設されることが多い．それにもかかわらず極めて抽象性が高いため，学生からは難しいと思われることが多いようである．そこで，本章ではまずユークリッド空間について述べ，その一般化である距離空間について解説する．

6.1　距離空間

　距離空間とは集合に「近さ」の尺度を数値で与えたものである．つまり，任意に 3 点 a, b, c をとったとき，a に近いのは b か c かまたは同じかを判断できるということである．このような尺度は，ユークリッド距離の他にも無数に存在するのである．

定義 6.1　空間

　幾何学的構造が導入された集合を**空間** (space) とよぶ．空間の元（要素）を**点** (point) という．

　全順序集合 $\mathbb{R}$ の n 個の直積 $\mathbb{R}^n$ において，三平方の定理を用いて近さを測るとき，それをユークリッド距離といい，$\mathbb{R}^n$ をユークリッド空間とよぶ．私たちがなじんできた空間である．

定義 6.2　ユークリッド距離・ユークリッド空間

　n を正整数とする．$\mathbb{R}^n$ の 2 つの点 $x = (x_1, x_2, \ldots, x_n)$，$y = (y_1, y_2, \ldots, y_n)$ に対して

$$d(\boldsymbol{x}, \boldsymbol{y}) = \sqrt{(x_1 - y_1)^2 + (x_2 - y_2)^2 + \cdots + (x_n - y_n)^2} \qquad (6.1)$$

を 2 点 $\boldsymbol{x}, \boldsymbol{y}$ の **ユークリッド距離** (Euclidean distance) という. d は $\mathbb{R}^n \times \mathbb{R}^n$ 上の実数値関数である. このとき, $\mathbb{R}^n$ と d の組 $(\mathbb{R}^n, d)$ を n **次元ユークリッド空間** (n-dimensional Euclidean space) とよぶ. 誤解がないときは, d を略して単に $\mathbb{R}^n$ とかく. 以後, 集合としての $\mathbb{R}^n$ とユークリッド空間 としての $\mathbb{R}^n$ を同じ記法 $\mathbb{R}^n$ でかくことにする.

問 6.1 $\mathbb{R}^n$ ($n = 1, 2, 3$) における次の 2 点 $\boldsymbol{x}, \boldsymbol{y}$ のユークリッド距離を求 めよ.

(a) $\mathbb{R}$ における 2 点 $x = -5$, $y = -1$
(b) $\mathbb{R}^2$ における 2 点 $\boldsymbol{x} = (-1, 3)$, $\boldsymbol{y} = (-4, -2)$
(c) $\mathbb{R}^3$ における 2 点 $\boldsymbol{x} = (3, -2, -1)$, $\boldsymbol{y} = (1, -3, -5)$

ユークリッド距離やユークリッド空間を一般化することで, 距離と距離空間 を定義しよう.

定義 6.3 距離・距離空間・距離の公理

集合 X の直積 $X \times X$ 上の実数値関数

$$\begin{array}{ccc} d: & X \times X & \to & \mathbb{R} \\ & \cup & & \cup \\ & (\boldsymbol{x}, \boldsymbol{y}) & \longmapsto & d(\boldsymbol{x}, \boldsymbol{y}) \end{array} \qquad (6.2)$$

が次の条件を満たすとする.

(d1) $d(\boldsymbol{x}, \boldsymbol{y}) \geqq 0$ であり, 特に $d(\boldsymbol{x}, \boldsymbol{y}) = 0 \iff \boldsymbol{x} = \boldsymbol{y}$ （正値性）
(d2) $d(\boldsymbol{x}, \boldsymbol{y}) = d(\boldsymbol{y}, \boldsymbol{x})$ （対称性）
(d3) $d(\boldsymbol{x}, \boldsymbol{y}) \leqq d(\boldsymbol{x}, \boldsymbol{z}) + d(\boldsymbol{z}, \boldsymbol{y})$ （三角不等式）

このとき, d を X 上の **距離関数** (metric) といい, $d(\boldsymbol{x}, \boldsymbol{y})$ を $\boldsymbol{x}$ と $\boldsymbol{y}$ の **距離** (distance) という. 集合 X と距離関数 d の組 (X, d) を **距離空間** (met-

84　第 6 章　距離空間

ric space) という. 誤解がないときは, d を略して単に X とかく. また,
$(d1) \sim (d3)$ を**距離の公理** (axiom of distance) とよぶ.

三角不等式 (triangular inequality) は「寄り道をした方が遠回りになる」と
いう「距離」としては当然のことを要求している. つまり, ユークリッド距離
でなくても, **距離関数 d が与えられていれば「近さ」を測ることができる**ので
ある. 同値関係が等しいという概念の抽象化・一般化であるのと同様に, 距離
の公理は近さの概念を抽象化・一般化したものである. そして, 距離関数 d に
よって幾何学的構造を導入したものが距離空間である.

問 6.2　$\mathbb{R}^2$ の任意の点 $\boldsymbol{p}, \boldsymbol{q}, \boldsymbol{r}$ について, ユークリッド距離は距離の公理
（定義 6.3 の $(d1) \sim (d3)$）を満たすことを確認せよ.

【例 6.1】離散距離空間

X を集合として, $d: X \times X \to \mathbb{R}$ を $d(\boldsymbol{x}, \boldsymbol{y}) \underset{\text{def}}{=} \begin{cases} 1 \ (\boldsymbol{x} \neq \boldsymbol{y}) \\ 0 \ (\boldsymbol{x} = \boldsymbol{y}) \end{cases}$ とする
と, d は X の距離を与える. これを**離散距離** (discrete distance) といい,
(X, d) を**離散距離空間** (discrete distance space) とよぶ.

問 6.3　例 6.1 で提示した離散距離が距離の公理を満たすことを示せ.

【例 6.2】マンハッタン距離と円

$\boldsymbol{x} = (x_1, x_2), \boldsymbol{y} = (y_1, y_2) \in \mathbb{R}^2$ に対して, 次の d_1 も距離の公理を満た
す. $d_1(\boldsymbol{x}, \boldsymbol{y})$ は**マンハッタン距離** (Manhattan distance) とよばれる.

$$d_1(\boldsymbol{x}, \boldsymbol{y}) = |x_1 - y_1| + |x_2 - y_2| \tag{6.3}$$

いま, ユークリッド距離を $d_2(\boldsymbol{x}, \boldsymbol{y})$ とかくことにする. ここで, $(\mathbb{R}^2, d_2)$
と $(\mathbb{R}^2, d_1)$ において, 原点 $\boldsymbol{o}$ からの距離が 1 である点の集合をかいてみよ
う. それぞれを S_{d_2}, S_{d_1} とすると,

$$S_{d_2} = \{\boldsymbol{p} \mid d_2(\boldsymbol{o}, \boldsymbol{p}) = 1\}, \qquad S_{d_1} = \{\boldsymbol{p} \mid d_1(\boldsymbol{o}, \boldsymbol{p}) = 1\} \tag{6.4}$$

6.1 距離空間　85

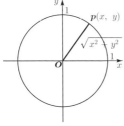
ユークリッド距離 d_2 による単位円
$x^2 + y^2 = 1$

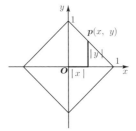
マンハッタン距離 d_1 による単位円
$|x| + |y| = 1$

図 6.1 2つの距離による円

である．

ある定点から等距離にある点の集合を**円** (circle) とよんでいた．これを踏襲するならば，S_{d_2} はユークリッド距離による円（単位円），S_{d_1} はマンハッタン距離による円（単位円）ということになる．図 6.1 のように距離の選び方によって円の「形」が変わることに注意してほしい．マンハッタンや京都，札幌のように道路が格子状に敷かれている街では，東西方向や南北方向にしか移動できないので，$|x|$（東西方向）と $|y|$（南北方向）を加えた値が 1 になる点の集合が S_{d_1} になるのである．マンハッタン距離が与えられた距離空間の性質を学ぶ幾何学は，**タクシー幾何学** (taxi-cab geometry) とよばれている．

一般に，$\boldsymbol{x} = (x_1, x_2, \ldots, x_m), \boldsymbol{y} = (y_1, y_2, \ldots, y_m) \in \mathbb{R}^m, n \in \mathbb{Z}^+$ に対して

$$d_n(\boldsymbol{x}, \boldsymbol{y}) = \sqrt[n]{|x_1 - y_1|^n + |x_2 - y_2|^n + \cdots + |x_m - y_m|^n} \tag{6.5}$$

も距離の公理を満たす．$n = 1$ のときがマンハッタン距離であり，$n = 2$ のときがユークリッド距離である．以後，ユークリッド距離を表すときは原則として d_2 を用いる．

問 6.4 式 (6.5) では，$n \in \mathbb{Z}^+$ としたのだが，$0 \leqq n < 1$ とするとどうなるだろうか．方程式 $d_{\frac{1}{2}}(\boldsymbol{o}, \boldsymbol{p}) = 1$ を満たす曲線を描くなどして確認せよ．また，$0 \leqq n < 1$ のとき，式 (6.5) は距離の公理を満たすかどうかを確かめよ．

一方

第 6 章 距離空間

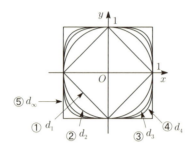

図 6.2 距離の一般化

$$d_\infty(\boldsymbol{x}, \boldsymbol{y}) = \max\{|x_1 - y_1|, |x_2 - y_2|, \ldots, |x_m - y_m|\} \qquad (6.6)$$

を**チェビシェフ距離** (Chebyshev distance) とよぶ [1].

次式 ① 〜 ⑤ を満たす点 $\boldsymbol{p} = (x, y) \in \mathbb{R}^2$ の集合は，図 6.2 のようにかける.

① $d_1(\boldsymbol{o}, \boldsymbol{p}) = 1 \iff |x| + |y| = 1$

② $d_2(\boldsymbol{o}, \boldsymbol{p}) = 1 \iff \sqrt{|x|^2 + |y|^2} = 1$

③ $d_3(\boldsymbol{o}, \boldsymbol{p}) = 1 \iff \sqrt[3]{|x|^3 + |y|^3} = 1$

④ $d_4(\boldsymbol{o}, \boldsymbol{p}) = 1 \iff \sqrt[4]{|x|^4 + |y|^4} = 1$

⑤ $d_\infty(\boldsymbol{o}, \boldsymbol{p}) = 1 \iff \max\{|x|, |y|\} = 1$

> 【例 6.3】 球面上の距離
>
> $\mathbb{R}^3$ の中の球面はしばしば S^2 とかかれる（S は sphere の頭文字．2 は 2 次元 [2] であることを示す．円周は S^1 などと記される）．$\mathbb{R}^3$ の中の図形なのに，なぜ 2 次元なのかと不思議に思った読者もいるかもしれない．簡単のため，いま，中心が原点 $\boldsymbol{o}$ で，半径が r の球面を S^2 とする．S^2 はユークリッド距離を用いて $S^2 = \{(x, y, z) \mid x^2 + y^2 + z^2 = r^2\}$ とかける．

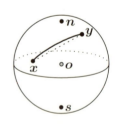

---

[1] 式 (6.5) において n を限りなく大きくしたとき，式 (6.6) が得られる．
[2] 本書では次元を定義していないが，直観的に述べるなら次元とは変数の自由度のことである，といってよいだろう．

(x, y, z) は 3 つの成分からなるが, 方程式 $x^2 + y^2 + z^2 = r^2$ で縛られているので, 自由に動けるのは x, y, z のうち 2 つである. 実際にたとえば x, y が決まると z は自然に決まってしまう. したがって S^2 は 2 次元なのである.

一般に, S^2 の中心 o と S^2 上の 2 点 x, y を通る平面による S^2 の切断線を**大円** (great circle) という. x, y を通る大円の劣弧の弧長を $d'(x, y)$ とすると, d' も距離の公理を満たす. (S^2, d') を対象とした幾何学を**球面幾何学** (spherical geometry) とよぶ. 球面幾何学では大円を直線と考えるため, S^2 上に平行線は存在しない. また, 大円は球面上の直線でもあり円でもある. そして, 円の中心は 2 つ存在する (たとえば, 赤道は直線でもあり円でもあるが, 円と捉えると中心は上図の n と s の 2 つである. 一方, 北緯 40 度線も球面上の円でありその中心は n と s であるが, 直線ではない). $x, y \in S^2$ に $\mathbb{R}^3$ に入っているユークリッド距離 d_2 を適用すると, $d_2(x, y)$ は上図の x, y を結ぶ点線になる.

6.2 距離空間の開集合

開集合とは, 1 次元ユークリッド空間 $\mathbb{R}$ (数直線) における開区間を一般化したものといえる. 開集合とは「境界」のない集合であり, 距離空間だけでなく位相空間論の中核をなす概念である. たとえば,「近さ」は距離によって与えられるが,「近づく」さまは一般的に (次に述べる ε 近傍も含めて) 開集合によって説明される. また, 開集合は空間の構造を与える手段にもなる (第 7 章). さらに, 関数の連続性も開集合を用いて定義される (第 8 章).

6.2.1 ε 近傍

次に述べる定義 6.4 の ε 近傍は開集合を構成する元素のようなものといえる. その位相空間版が 7.1.2 項で示す**基底** (base) とよばれるものである. 読者は 6.2.1 項と 7.1.2 項が対応していることを (あとで) 確認してほしい.

第 6 章 距離空間

定義 6.4 ε 近傍

(X, d) を距離空間とする．$a \in X, \varepsilon > 0$ に対して

$$B(a; \varepsilon) = \{x \in X \mid d(a, x) < \varepsilon\} \tag{6.7}$$

を a の ε **近傍** (ε neighborhood)，または中心 a, 半径 ε の **開球** (open ball) とよぶ．

次元や距離が異なると ε 近傍の「形」も異なる．

たとえば，1 次元ユークリッド空間 $\mathbb{R}$ において，ある定点から（絶対値の意味で）等距離にある 2 点 $\{p, q\}$ は，右図のように $\mathbb{R}$ における

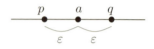

中心 a, 半径 ε の円である．したがって，右図における a の ε 近傍とは，開区間 $(a - \varepsilon, a + \varepsilon)$ のことである．

$\mathbb{R}^2$ の距離 d_1, d_2, d_∞ による点 o の ε 近傍は以下の通りである．

d_1 による o の ε 近傍　　d_2 による o の ε 近傍　　d_∞ による o の ε 近傍

6.2.2 直径と有界集合

次に定める直径は空間の「サイズ」を示す指標の一つである．6.5 節で示される点列の収束の概念は，ε 近傍の直径が 0 に近づくという観点で捉えることができる．有界であることは，第 7 章で提示するコンパクト性の特徴付けにも用いられる．

定義 6.5 直径・有界集合

(X, d) を距離空間として,$A \subset X$ とする.

$$\delta(A) \underset{\text{def}}{=} \sup\{d(\boldsymbol{x}, \boldsymbol{y}) \mid \boldsymbol{x}, \boldsymbol{y} \in A\} \tag{6.8}$$

を A の**直径** (diameter) という.また,$\delta(A) < \infty$ のとき,A を**有界集合** (bounded set),あるいは単に**有界** (bounded) という.

直径については,次の事実が成り立つ.

(1) $A \subset B \Longrightarrow \delta(A) \leqq \delta(B)$ (2) $\delta(A) = 0 \Longleftrightarrow A$ は 1 点からなる

問 6.5 (X, d) を距離空間とするとき,$\delta(B(\boldsymbol{x}; r)) \leqq 2r$ を示せ.

命題 6.1 有界であることの必要十分条件

(X, d) を距離空間として,$A \subset X$ とする.このとき

A が有界 $\Longleftrightarrow$ ある $\boldsymbol{x} \in X$ と正数 r が存在して $A \subset B(\boldsymbol{x}; r)$ (6.9)

[証 明]
($\Longrightarrow$) $\delta(A) = s < \infty$ とし,$\boldsymbol{a} \in A, \boldsymbol{x} \in X$ を固定する.任意の $\boldsymbol{y} \in A$ に対し,

$$\begin{aligned} d(\boldsymbol{x}, \boldsymbol{y}) &\leqq d(\boldsymbol{y}, \boldsymbol{a}) + d(\boldsymbol{a}, \boldsymbol{x}) \\ &\leqq s + d(\boldsymbol{a}, \boldsymbol{x}) \quad (d(\boldsymbol{a}, \boldsymbol{x}) \text{ は固定されていることに注意}) \end{aligned} \tag{6.10}$$

いま,$r = s + d(\boldsymbol{a}, \boldsymbol{x})$ とおくと (r は $\boldsymbol{y} \in A$ のとり方によらない),$d(\boldsymbol{x}, \boldsymbol{y}) \leqq r$ より $\boldsymbol{y} \in B(\boldsymbol{x}; 2r)$ となるから $A \subset B(\boldsymbol{x}; 2r)$ である.
($\Longleftarrow$) $A \subset B(\boldsymbol{x}; r)$ とすると,$\delta(A) \leqq \delta(B(\boldsymbol{x}; r)) \leqq 2r$ である.つまり A は有

90 第6章 距離空間

界である. □

6.2.3 距離空間の開集合

ここでは開集合の定義を2つ提示する. 第1の定義は, ε 近傍が開集合を構成する元素のような存在であることを実感してもらうためのものであり, 第2の定義はこれを簡潔に言い換えたものである.

定義 6.6　開集合 (1)

X を距離空間として, $O \subset X$ とする. O が**開集合** (open set) であるとは, 任意の点 $\boldsymbol{x} \in O$ の ε 近傍を用いて,

$$O = \bigcup_{\boldsymbol{x} \in O} B(\boldsymbol{x}; \varepsilon_{\boldsymbol{x}}) \tag{6.11}$$

とかけることをいう.

ε は各点 $\boldsymbol{x}$ に依存して決まることに注意が必要である (だから $\varepsilon_{\boldsymbol{x}}$ とかいている). 以下では煩雑になるので $B(\boldsymbol{p}; \varepsilon_{\boldsymbol{p}})$ を $B(\boldsymbol{p}; \varepsilon)$ とかく.

【例 6.4】 ε 近傍の和集合としての開集合

$U = \{(x, y) \mid 0 < x < 1, 0 < y < 1\}$ は $(\mathbb{R}^2, d_2)$ の開集合である. つまり各点の ε 近傍の和集合でかける.

U の点 $\boldsymbol{p} = (a, b) \, (0 < a < 1, 0 < b < 1)$ を任意にとる. このとき, 十分小さな ε 近傍 $B(\boldsymbol{p}; \varepsilon)$ を選べば $\boldsymbol{p} \in B(\boldsymbol{p}; \varepsilon) \subset U$ とできる. 実際, 図 6.3 左を見ればわかるように $\varepsilon = \min\{a, b, 1-a, 1-b\}$ とおくと, $B(\boldsymbol{p}; \varepsilon)$ に含まれる点 $\boldsymbol{q} = (x, y)$ に対して $(x-a)^2 + (y-b)^2 < \varepsilon^2$ が成り立つから,

$$|x - a|^2 = (x-a)^2 \leqq (x-a)^2 + (y-b)^2 < \varepsilon^2 \leqq a^2 \tag{6.12}$$

となる. したがって,

$$|x - a| < a \Longleftrightarrow -a < x - a < a \Longleftrightarrow 0 < x < 2a \tag{6.13}$$

が成り立つ. また, ε の取り方から, 式 (6.12) において a^2 の代わりに $(1-a)^2$

を用いることもできるので，

$$|x-a|^2 = (x-a)^2 \leqq (x-a)^2 + (y-b)^2 < \varepsilon^2 \leqq (1-a)^2 \quad (6.14)$$

より，

$$|x-a| < 1-a \iff -(1-a) < x-a < 1-a \iff 2a-1 < x < 1 \quad (6.15)$$

を得る．同様にして，$0 < y < 2b, 2b-1 < y < 1$ を得るから，$q \in U$ である．つまり，$B(\boldsymbol{p};\varepsilon) \subset U$ がいえる．$\boldsymbol{p}$ は U 上の任意の点であったから，$\boldsymbol{p}$ を U 上のあらゆるところにとれば $U = \bigcup_{\boldsymbol{p} \in U} B(\boldsymbol{p};\varepsilon)$ とかける．

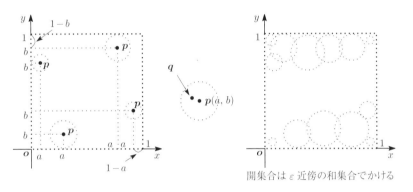

図 6.3 $\mathbb{R}^2$ の開集合を ε 近傍で充填する

たとえば，$F = \{(x,y) \mid 0 \leqq x \leqq 1, 0 \leqq y \leqq 1\} \in \mathbb{R}^2$ が $\boldsymbol{p} \in F$ の ε 近傍 $B(\boldsymbol{p};\varepsilon)$ を用いてかけないことを確認しよう．

F 上の点 $\boldsymbol{p}$ を図 6.4 の線分 $\boldsymbol{oa}$ 上にとってみよう．そうすると，どんなに ε を小さくとっても図 6.4 左のように $B(\boldsymbol{p};\varepsilon)$ の下半分は F からはみ出してしまう．つまり，$B(\boldsymbol{p};\varepsilon)$ を使って F を表すことはできないのである．

一方，「境界」のない領域 $U = \{(x,y) \mid 0 < x < 1, 0 < y < 1\}$ では，$\boldsymbol{p} \in U$ に対して ε を十分小さくとれば，ある $B(\boldsymbol{p};\varepsilon)$ を見つけることができて，図 6.4 右のようにそれが $\boldsymbol{p} \in B(\boldsymbol{p};\varepsilon) \subset U$ を満たす．

逆に $\boldsymbol{p} \in U$ に対して $\bigcup_{\boldsymbol{p} \in U} B(\boldsymbol{p};\varepsilon)$ を考えれば，これは U になる．

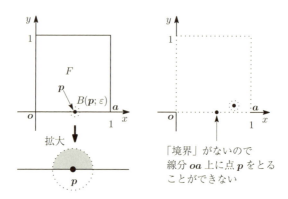

図 6.4 $\mathbb{R}^2$ における開集合

以上を整理して，次の命題とその逆を得る．

命題 6.2　開集合であるための十分条件

X を距離空間として，O を X の開集合とする．任意の点 $x \in O$ に対して，ある $B(x;\varepsilon)$ が存在して，$x \in B(x;\varepsilon) \subset O$ を満たすならば $O = \bigcup_{x \in O} B(x;\varepsilon)$ とかける．

［証明］
$O \supset \bigcup_{x \in O} B(x;\varepsilon)$ **であること**　任意の $y \in \bigcup_{x \in O} B(x;\varepsilon)$ をとると，y は $B(x;\varepsilon)$ のいずれかに含まれる．つまり，ある $B(x;\varepsilon)$ が存在して，$y \in B(x;\varepsilon)$ を満たす．$B(x;\varepsilon) \subset O$ より $y \in O$ である．
$O \subset \bigcup_{x \in O} B(x;\varepsilon)$ **であること**　$x \in O$ とすると，ある $B(x;\varepsilon)$ が存在して，$B(x;\varepsilon) \subset O$ を満たす．したがって，$x \in \bigcup_{x \in O} B(x;\varepsilon)$ でもある． □

逆に $O = \bigcup_{x \in O} B(x;\varepsilon)$ が成り立てば，$x \in O$ に対して，ある $B(x;\varepsilon)$ が存在して $x \in B(x;\varepsilon) \subset O$ を満たすことは明らかである．

したがって，開集合の定義は次のように言い換えることができる．

定義 6.7　開集合 (2)

X を距離空間として，$O \subset X$ とする．O が**開集合** (open set) であると

は，任意の点 $x \in O$ に対して，ある $B(x;\varepsilon)$ が存在して

$$x \in B(x;\varepsilon) \subset O \tag{6.16}$$

を満たすことをいう．

読者は図 6.4 左が定義 6.7 を満たしていないことを確認してほしい．
定義 6.7 で X の部分集合 A が開集合であることを再定義した．定義 6.7 から A が開集合**でない**ことは次のように述べることができる．

ある $x \in A$ が存在して，任意の $B(x;\varepsilon)$ に対して $B(x;\varepsilon) \not\subset^{3)} A$ (6.17)

このことを用いて次の例 6.5 を得る．

【例 6.5】1 点集合

ユークリッド空間 $(\mathbb{R}^2, d_2)$ において，1 つの点からなる 1 点集合 $\{x\} \subset X$ は開集合ではない．なぜなら，(形式的に式 (6.17) を用いれば)「$x \in \{x\}$ が存在して，任意の ε に対して，$d(x, y) = \dfrac{\varepsilon}{2}$ となる y をとれば $y \in B(x;\varepsilon) - \{x\}$ が成り立つため，$B(x;\varepsilon) \not\subset \{x\}$ となるから」である．

命題 6.3　ε 近傍の性質

X を距離空間とする．$x \in X$ に対して，$B(x;\varepsilon)$ は X の開集合である．

[証 明]

任意の $y \in B(x;\varepsilon)$ に対して，$B(y;\varepsilon')$ (ただし，$\varepsilon' = \varepsilon - d(y, x)$) を考える．このとき，$B(y;\varepsilon') \subset B(x;\varepsilon)$ を示せばよい．つまり，任意の $z \in B(y;\varepsilon')$ に対して，$z \in B(x;\varepsilon)$ が成り立つことを示せばよい．

任意の $z \in B(y;\varepsilon')$ をとると，$d(z, y) < \varepsilon' = \varepsilon - d(y, x)$．つまり，$d(z, y) + d(y, x) < \varepsilon$．三角不等式より $d(z, x) \leqq d(z, y) + d(y, x) < \varepsilon$

---

3) $B(x;\varepsilon) \not\subset A$ は $B(x;\varepsilon)$ が A の部分集合でないという意味である．

94 第6章 距離空間

となる. つまり, $z \in B(\boldsymbol{x}; \varepsilon)$ である. 以上から, $B(\boldsymbol{y}; \varepsilon') \subset B(\boldsymbol{x}; \varepsilon)$ が示された. $\boldsymbol{y}$ は任意であったから $B(\boldsymbol{x}; \varepsilon)$ は開集合である. □

6.3 距離空間のいろいろな点と閉集合

距離空間の様々な「点」について整理をしておこう. ここでは, 部分集合の (1) 中にある, (2) 外にある, (3) 境界上にある, という観点で整理する. また, 開集合の双対となる概念として閉集合を考える.

6.3.1 │ 内点・外点・境界点

定義 6.8 内点

X を距離空間とする. ある点 $\boldsymbol{x}$ が X の部分集合 A の**内点** (interior point) であるとは, ある $B(\boldsymbol{x}; \varepsilon)$ が存在して

$$\boldsymbol{x} \in B(\boldsymbol{x}; \varepsilon) \subset A \tag{6.18}$$

を満たすことをいう.

重要なことは, **A 自体の「境界」の有無については問うていない**ことである.

定義 6.9 外点

X を距離空間とする. ある点 $\boldsymbol{x}$ が X の部分集合 A の**外点** (exterior point) であるとは, ある $B(\boldsymbol{x}; \varepsilon)$ が存在して

$$\boldsymbol{x} \in B(\boldsymbol{x}; \varepsilon) \subset A^c \tag{6.19}$$

を満たすことをいう.

ここまで, 本書の中では読者のイメージに委ねて「境界」という語を定義することなく用いてきたが距離空間においては, 次の定義 6.10 で境界点を定義し, さらに定義 6.11 で境界点の集合を境界と定める.

定義 6.10　境界点

X を距離空間とする．ある点 x が X の部分集合 A の**境界点** (boundary point) であるとは，x が A の内点でも外点でもないことをいう．

問 6.6　x が A の境界点であることを $B(x;\varepsilon)$ を用いて表現せよ．

【内点・外点・境界点のイメージ】

下図を見れば A **自体**が「境界」をもっていてもいなくても x は，内点・外点・境界点のいずれかになることがわかるだろう．実際に，x が A の内点だとすると，ある $B(x;\varepsilon)$ が存在して，$x \in B(x;\varepsilon) \subset A$ を満たす．これが「$B(x;\varepsilon) \subset A^c$」も「$B(x;\varepsilon) \cap A^c \neq \emptyset$ かつ $B(x;\varepsilon) \cap A \neq \emptyset$（これが問 6.6 の答え）」も満たさないことは明らかだろう．x が外点や境界点のときも同様である．

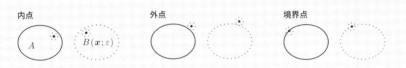

定義 6.11　内部・外部・境界

X を距離空間として，$A \subset X$ とする．このとき，

$$A^\circ = \{x \mid x \text{ は } A \text{ の内点}\} \tag{6.20}$$
$$A^e = \{x \mid x \text{ は } A \text{ の外点}\} \tag{6.21}$$
$$A^f = \{x \mid x \text{ は } A \text{ の境界点}\} \tag{6.22}$$

を順に A の**内部** (interior)，**外部** (exterior)，**境界** (boundary) という．

【例 6.6】内部・外部・境界

距離空間 $(\mathbb{R}^2, d_2)$ において，$A = \{(x,y) \mid 0 \leqq x, 0 < y\}$ のとき，A の

内部,境界,外部の順に以下に示す.

(1) **内部** $A^\circ = \{(x,y) \mid 0 < x, 0 < y\}$
(2) **境界** $A^f = \{(x,0) \mid 0 \leqq x\} \cup \{(0,y) \mid 0 \leqq y\}$
(3) **外部** $A^e = \{(x,y) \mid 0 > x, 0 < y\} \cup \{(x,y) \mid 0 > x, 0 > y\} \cup \{(x,y) \mid 0 < x, 0 > y\} \cup A^f$. 定義 6.8,定義 6.9,定義 6.10 より内部・外部・境界は互いに重複しないから $\mathbb{R}^2 = A^\circ + A^f + A^e$.

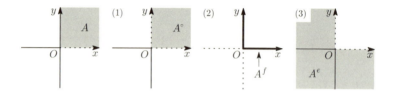

以下に内部のもつ性質を列挙する.

> **命題 6.4 内部の性質 (1)**
> X を距離空間として,$A, B \subset X$ とする.A° について以下が成り立つ.
> (1) $A^\circ \subset A$　　(2) $A \subset B \Longrightarrow A^\circ \subset B^\circ$

[証 明]

(1) $\boldsymbol{x} \in A^\circ$ とすると,ある $B(\boldsymbol{x}; \varepsilon)$ が存在して $\boldsymbol{x} \in B(\boldsymbol{x}; \varepsilon) \subset A$ を満たすから $\boldsymbol{x} \in A$ である.よって,$A^\circ \subset A$ である.　□

(2) $\boldsymbol{x} \in A^\circ$ とすると,ある $B(\boldsymbol{x}; \varepsilon)$ が存在して $\boldsymbol{x} \in B(\boldsymbol{x}; \varepsilon) \subset A$ を満たす.$A \subset B$ より $B(\boldsymbol{x}; \varepsilon) \subset B$ である.つまり,$\boldsymbol{x} \in B^\circ$ でもある.よって,$A^\circ \subset B^\circ$ である.　□

> **命題 6.5 内部の開集合としての最大性**
> X を距離空間として,$A \subset X$ とする.$\mathcal{O}$ を X の開集合全体の集合とするとき,$A^\circ = \bigcup_{O \subset A, O \in \mathcal{O}} O$ とかける[5].A° は A に含まれる最大の開集

---

[5] $\bigcup_{O \subset A, O \in \mathcal{O}} O$ は,「$O \subset A$ かつ $O \in \mathcal{O}$」を満たす O の和集合という意味である.

6.3 距離空間のいろいろな点と閉集合　　97

合である.

[証明]

　まず, A° が開集合であることを示す. 定義 6.8, 定義 6.11 より, 任意の点
$\boldsymbol{x} \in A^\circ$ をとると, ある $B(\boldsymbol{x}; \varepsilon)$ が存在して $\boldsymbol{x} \in B(\boldsymbol{x}; \varepsilon) \subset A$ を満たす. よっ
て, 命題 6.2 から $A^\circ = \bigcup_{\boldsymbol{x} \in A^\circ} B(\boldsymbol{x}; \varepsilon)$ とかける. 定義 6.6 より A° は開集合
である.

　次に $A^\circ = \bigcup_{O \subset A, O \in \mathcal{O}} O$ とかけることを示す (これにより A° の最大性もい
える).

<u>$A^\circ \supset \bigcup_{O \subset A, O \in \mathcal{O}} O$ であること</u>　任意の $\boldsymbol{x} \in \bigcup_{O \subset A, O \in \mathcal{O}} O$ をとると, ある
$O \in \mathcal{O}$ が存在して $\boldsymbol{x} \in O$ を満たす. この $\boldsymbol{x} \in O \in \mathcal{O}$ に対して, ある $B(\boldsymbol{x}; \varepsilon)$
が存在して, $\boldsymbol{x} \in B(\boldsymbol{x}; \varepsilon) \subset O \subset A$ を満たすから, $\boldsymbol{x} \in A^\circ$ がいえた.

<u>$A^\circ \subset \bigcup_{O \subset A, O \in \mathcal{O}} O$ であること</u>　命題 6.4(1) より, $A^\circ \subset A$ であり, かつ上の
議論より A° は開集合だから, $A^\circ \subset \bigcup_{O \subset A, O \in \mathcal{O}} O$ である.　　□

系 6.1　開集合であることの必要十分条件

　X を距離空間として, $A \subset X$ とする. このとき,

$$A が X の開集合 \iff A = A^\circ \tag{6.23}$$

[証明]

($\Longrightarrow$) 命題 6.5 より A° は A に含まれる最大の開集合である. また, A 自身も
A に含まれる最大の開集合であるから $A = A^\circ$ である.

($\Longleftarrow$) 命題 6.5 より A° は開集合である. したがって, A も開集合である.　　□

系 6.2　内部の性質 (2)

　X を距離空間として, $A \subset X$ とする. このとき, $(A^\circ)^\circ = A^\circ$ である.

[証明]

　命題 6.5 より A° は開集合である. よって系 6.1 より直ちに従う.　　□

6.3.2 | 距離空間の閉集合

> **定義 6.12　閉集合**
>
> X を距離空間として，$F \subset X$ とする．F が X の**閉集合** (closed set) であるとは，F^c が X の開集合であることをいう．

ここまでの議論から，距離空間の開集合，閉集合は次のように特徴付けることができる．(1) 開集合とは境界点を1つも含まない集合である．(2) 閉集合とは境界点をすべて含む集合である．

【例 6.7】 $(\mathbb{R}^2, d_2)$ の開集合・閉集合

(1) $A = \{(x,y) \mid 1 < x^2 + y^2 < 2^2\}$ は境界点を含まず，開集合である．$A^e = \{(x,y) \mid x^2 + y^2 \leqq 1 \text{ または } 2^2 \leqq x^2 + y^2\}$ はすべての境界点を含み，閉集合である．

(2) $A = \{(x,y) \mid 1 \leqq x^2 + y^2 \leqq 2^2\}$ はすべての境界点を含み，閉集合である．
$A^e = \{(x,y) \mid x^2 + y^2 < 1 \text{ または } 2^2 < x^2 + y^2\}$ は境界点を含まず，開集合である．

(3) $A = \{(x,y) \mid 1 \leqq x^2 + y^2 < 2^2\}$ は一部に境界点を含み，一部に境界点を含まないため開集合でも閉集合でもない．

(4) 例 6.6 でとり上げた領域 A も，開集合でも閉集合でもない．

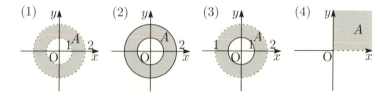

【補集合 A^c と外部 A^e の違い】

例 6.7(3) を用いて A^c と A^e の違いを確認しておこう．A の補集合は

$A^c = \mathbb{R}^2 - A$ であるから下図のように「実線」と「点線」が混在している．これに対して A の外部 A^e は $A^e = \mathbb{R}^2 - A^\circ - A^f$ とかけるから，境界 A^f を含んでいないことに注意が必要である．$\mathbb{R}^2$ は A°, A^f, A^e の直和である．

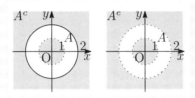

定義 6.13　触点・閉包

X を距離空間として，$A \subset X$ とする．点 $\boldsymbol{x}$ が A の内点または境界点であるとき，すなわち，$\boldsymbol{x}$ の任意の ε 近傍 $B(\boldsymbol{x};\varepsilon)$ が

$$B(\boldsymbol{x};\varepsilon) \cap A \neq \varnothing \tag{6.24}$$

を満たすとき，$\boldsymbol{x}$ を A の**触点** (closure point) という．A のすべての触点の集合を A の**閉包** (closure) とよび，A^a とかく．

X の点を整理すると以下のようになる．A は X の部分集合であり，(　) 内はそれぞれの点を含む集合の記法である．

$$X \text{ の点} \begin{cases} \text{触点}\,(A^a) \begin{cases} \text{内点}\,(A^\circ) \\ \text{境界点}\,(A^f) \end{cases} \\ \text{外点}\,(A^e) \end{cases} \quad A^a = A^\circ + A^f\,[\text{直和}]$$

【例 6.8】 イメージしづらい例，$\mathbb{R}$ と $\mathbb{Q}$

$X = \mathbb{R}, A = \mathbb{Q}$ のとき，$A^\circ = \varnothing, A^a = \mathbb{R}$ である．

「$x \in A^\circ \iff$ ある $B(x;\varepsilon)$ が存在して，$x \in B(x;\varepsilon) \subset A$ を満たす」であったが，どんなに小さな ε をとっても $(x-\varepsilon, x+\varepsilon)$ の中に無理数が存在する．つまり，$B(x;\varepsilon) \subset A = \mathbb{Q}$ となる $B(x;\varepsilon)$ は存在しない．したがって，$A^\circ = \varnothing$ である．

100　第 6 章　距離空間

次に，$x \in \mathbb{R}$ をとると，どんな小さな ε をとっても $(x - \varepsilon, x + \varepsilon)$ の中に有理数が存在する．つまり，どんな $B(x; \varepsilon)$ に対しても $B(x; \varepsilon) \cap A \neq \varnothing$ となるから $x \in A^a$ である．したがって，$A^a = \mathbb{R}$ である．

命題 6.6　閉包の性質 (1)

X を距離空間として，$A, B \subset X$ とする．A^a について以下が成り立つ．

$$(1)\, A \subset A^a \qquad (2)\, A \subset B \Longrightarrow A^a \subset B^a$$

[証 明]

(1) $\boldsymbol{x} \in A$ とすると，$B(\boldsymbol{x}; \varepsilon) \cap A \neq \varnothing$ であるから，$\boldsymbol{x} \in A^a$．よって，$A \subset A^a$ である．

(2) $\boldsymbol{x} \in A^a$ とすると，$B(\boldsymbol{x}; \varepsilon) \cap A \neq \varnothing$ である．$A \subset B$ より $B(\boldsymbol{x}; \varepsilon) \cap B \neq \varnothing$ であるので，$\boldsymbol{x} \in B^a$ である．よって，$A^a \subset B^a$ である．　□

命題 6.7　内部と閉包の関係

X を距離空間として，$A \subset X$ とする．このとき，

$$(A^\circ)^c = (A^c)^a \tag{6.25}$$
$$(A^c)^\circ = (A^a)^c \tag{6.26}$$

[証 明]

まず式 (6.25) を示す．

$$\boldsymbol{x} \in (A^\circ)^c \iff \boldsymbol{x} \notin A^\circ \tag{6.27}$$
$$\iff \text{どんな } B(\boldsymbol{x}; \varepsilon) \text{ をとっても } \boldsymbol{x} \in B(\boldsymbol{x}; \varepsilon) \not\subset A \text{ となる} \tag{6.28}$$
$$\iff \text{任意の} \varepsilon > 0 \text{ に対して，} B(\boldsymbol{x}; \varepsilon) \cap A^c \neq \varnothing \tag{6.29}$$
$$\iff \boldsymbol{x} \in (A^c)^a \tag{6.30}$$

$(A^\circ)^c = (A^c)^a$ において，A を A^c で置き換えると式 (6.26) が得られる．　□

6.3 距離空間のいろいろな点と閉集合　　101

系 6.3　閉集合であることの必要十分条件

X を距離空間とする．このとき，

$$F \text{ が } X \text{ の閉集合} \Longleftrightarrow F = F^a \tag{6.31}$$

[証 明]

F が閉集合であるとき F^c は開集合だから，系 6.1 および命題 6.7 から，

$$F^c \text{ が開集合} \Longleftrightarrow F^c = (F^c)^{\circ} = (F^a)^c \Longleftrightarrow F = F^a \tag{6.32}$$

系 6.4　閉包の閉集合としての最小性

X を距離空間として，$A \subset X$ とする．$\mathcal{F}$ を X の閉集合全体の集合とするとき，$A^a = \bigcap_{A \subset F, F \in \mathcal{F}} F$ とかける．A^a は A^a を含む最小の閉集合である．

[証 明]

$A^a = \bigcap_{A \subset F, F \in \mathcal{F}} F$ とかけることを示す（これにより A^a の最小性もいえる）．命題 6.5 の $A^{\circ} = \bigcup_{O \subset A, O \in \mathcal{O}} O$ において，A の代わりに A^c を用いると，$(A^c)^{\circ} = \bigcup_{O \subset A^c, O \subset \mathcal{O}} O$ とかける．この両辺の補集合をとり命題 3.3 と命題 6.7 を適用する．さらに，$O^c = F$ とかくことにすると，次式が成り立つ．

$$A^a = \left(\bigcup_{O \subset A^c, O \in \mathcal{O}} O \right)^c = \bigcap_{A \subset O^c, O^c \in \mathcal{F}} O^c = \bigcap_{A \subset F, F \in \mathcal{F}} F \tag{6.33}$$

ところで，命題 6.5 より $\bigcup_{O \subset A^c, O \in \mathcal{O}} O$ は開集合であったから，式 (6.33) から A^a は閉集合である．

系 6.5　閉包の性質 (2)

X を距離空間として，$A \subset X$ とする．このとき，$(A^a)^a = A^a$ である．

102 第 6 章 距離空間

[証 明]

系 6.4 より A^a は閉集合である．よって系 6.3 より直ちに従う． □

6.4 開集合と閉集合の性質

以下の定理は，一般的な位相空間（第 7 章）を学ぶうえで極めて重要である．

定理 6.1 開集合と閉集合の性質

X を距離空間とする．いま，添え字 λ の集合である Λ は，任意の集合であり可算とは限らない．

(1) O_1, O_2 が X の開集合であるとき，$O_1 \cap O_2$ も開集合である．

(2) $O_\lambda (\lambda \in \Lambda)$ が X の開集合であるとき，$\bigcup_{\lambda \in \Lambda} O_\lambda$ も開集合である．

(3) F_1, F_2 が X の閉集合であるとき，$F_1 \cup F_2$ も閉集合である．

(4) $F_\lambda (\lambda \in \Lambda)$ が X の閉集合であるとき，$\bigcap_{\lambda \in \Lambda} F_\lambda$ も閉集合である．

[証 明]

(1) $\boldsymbol{x} \in O_1 \cap O_2$ とする．$\boldsymbol{x} \in O_1$ より，ある $B(\boldsymbol{x}; \varepsilon_1)$ が存在して $B(\boldsymbol{x}; \varepsilon_1) \subset O_1$ を満たす．$\boldsymbol{x} \in O_2$ より，ある $B(\boldsymbol{x}; \varepsilon_2)$ が存在して $B(\boldsymbol{x}; \varepsilon_2) \subset O_2$ を満たす．ここで，$\varepsilon = \max\{\varepsilon_1, \varepsilon_2\}$ とおくと，$B(\boldsymbol{x}; \varepsilon) \subset B(\boldsymbol{x}; \varepsilon_1) \subset O_1$ かつ $B(\boldsymbol{x}; \varepsilon) \subset B(\boldsymbol{x}; \varepsilon_2) \subset O_2$ が成り立つ．つまり，$B(\boldsymbol{x}; \varepsilon) \subset (O_1 \cap O_2)$ となるから示された．

(2) 任意の点 $\boldsymbol{x} \in \bigcup_{\lambda \in \Lambda} O_\lambda$ をとると，ある O_{λ_0} が存在して $\boldsymbol{x} \in O_{\lambda_0}$ を満たす．O_{λ_0} は開集合だから，ある $B(\boldsymbol{x}; \varepsilon_0)$ が存在して $B(\boldsymbol{x}; \varepsilon_0) \subset O_{\lambda_0} \subset \bigcup_{\lambda \in \Lambda} O_\lambda$ を満たす．以上から示された．

(3) (1) に命題 2.6 を用いると，$(O_1 \cap O_2)^c = O_1{}^c \cup O_2{}^c$ となる．$(O_1 \cap O_2)^c$, $O_1{}^c$, $O_2{}^c$ はそれぞれ閉集合であるから示された．

(4) (2) に対して，命題 3.3 を用いて (3) と同様の操作を行えばよい． □

6.5 距離空間における点列の収束

私たちが思考の対象に空間（距離，近さの概念）を加えたことで手に入れた概念の一つが「収束」である．点列の収束の概念を用いることにより，集合の閉包（定理 6.4），集合のコンパクト性（定理 7.15），関数の連続性（定理 8.1）などが直観的に表現できる．まず 1 次元ユークリッド空間 $\mathbb{R}$ における数列の収束について考えてみよう．

6.5.1 | 1 次元ユークリッド空間 $\mathbb{R}$ における数列の収束

定義 6.14　数列の収束

$\mathbb{R}$ 上の数列 $\{a_n\}$ において，任意の実数 $\varepsilon > 0$ に対して，ある正整数 n_0 が存在して，$n > n_0$ となるすべての n で $d(a_n, \alpha) < \varepsilon$ を満たすとき，$\{a_n\}$ は α に **収束する** (converge) といい，

$$\lim_{n \to \infty} a_n = \alpha, \qquad n \to \infty \text{ のとき } a_n \to \alpha, \qquad a_n \xrightarrow[n \to \infty]{} \alpha \qquad (6.34)$$

などとかく．α を $\{a_n\}$ の **極限値** (limit) という．

この定義が大学新入生にとって理解しづらいことはよく知られている．以下では，できるだけ噛み砕いて説明しよう．

【例 6.9】数列の収束，収束の本質

ここでは，$d(a_n, \alpha) = |a_n - \alpha|$ で考え，$\lim_{n \to \infty} \dfrac{1}{n}$ を例としよう．

どんなに小さな $\varepsilon > 0$，たとえば $\varepsilon = 0.000001$ を選んだとしても，ある番号 n_0 を必ず見つけることができる，というのである．それは n_0 から先の**すべての（無限個の）** a_n は，極限値 0 との距離が ε 未満となる，というものである．いまの場合は，$n_0 = 1000000$ より先の**すべての** a_n と $\alpha = 0$ との距離 $|a_n - 0|$ は $\varepsilon = 0.000001$ 未満となる．

もっと直観的にいえば，図 6.5 において（　）をどんなに小さくとっても，ある番号 n_0 から先の**すべての** a_n が（　）の中に入っているような n_0 を見

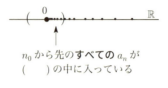

図 6.5 数列の収束

つけられるということである．

次のようにたとえてもよい．$\mathbb{R}$ 上の砂糖 α（砂糖の大きさは無視する）は ε バリアで守られている．ε バリアは ε が小さいほど強くなる．ところが，$a_1, a_2, \ldots, a_n, \ldots$ と名付けられたアリたちが砂糖に到達する場合は，どんなに強い ε バリアを作っても，ある番号 n_0 から先のアリ a_n は**すべて** ε バリアを突破してしまうというのである．数列 a_n の収束の本質はこのたとえにあるといってよい．

命題 6.8　点列コンパクト [6]

$\mathbb{R}$ の閉区間を $I = [a, b]$ とする．任意の $\{x_n\} \subset I$ に対して，$\{x_n\}$ の部分列 $\{x_{n_i}\}$ と $x \in I$ が存在して $\lim_{n_i \to \infty} x_{n_i} = x$ を満たす．

一般に，距離空間 X 上の点列が収束する部分列をもつとき，X は点列コンパクト空間とよばれる．

[証 明]

$I = I_1$ とかき直す．I_1 から x_n を 1 つ選び，それを x_{n_1} とする．I_1 の長さ $|I_1|$ は $b - a$ であるが，これを M とおく．

いま，I_1 を二等分する．つまり，$I_1 = [a, m_1] \cup [m_1, b], m_1 = \dfrac{a+b}{2}$ に分割する．このとき，$[a, m_1]$ と $[m_1, b]$ の少なくともどちらか一方に，数列 x_n の項が無限に入っている．無限に項が入っている方を I_2 とおく．I_2 から x_n を 1 つ選び，それを x_{n_2} とする．$|I_2| = \dfrac{M}{2}$ である．

---

[6] 「点列」という述語は次ページで初出するが，命題 6.8 は数列および閉区間についての主張であるため，ここに記載した．数列は点列の特別なもの（$\mathbb{R}$ 上の点列）である．

次に，I_2 を二等分する．仮に $I_1 = [a, m_1]$ であったなら $I_2 = [a, m_2] \cup [m_2, m_1], m_2 = \dfrac{3a+b}{4}$ に分割する．このとき，$[a, m_2]$ と $[m_2, m_1]$ の少なくとも一方に，数列 x_n の項が無限に入っている．無限に項が入っている方を I_3 とおく．I_3 から x_n を 1 つ選び，それを x_{n_3} とする．$|I_3| = \dfrac{M}{2^2}$ である．

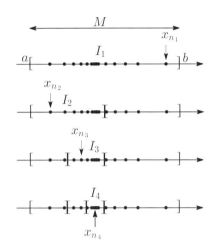

この操作を繰り返すと，次を満たす I_k と x_{n_k} の列を得ることができる．

(ⅰ) $I_1 \supset I_2 \supset I_3 \supset \cdots$

(ⅱ) I_k は I_{k-1} の右半分か左半分に等しく，$|I_k| = \dfrac{M}{2^{k-1}}$

(ⅲ) $n_1 < n_2 < n_3 < \cdots$ で，$x_{n_k} \in I_k$

このとき，$\bigcap_{k \in \mathbb{Z}^+} I_k \neq \emptyset$ だから，$x \in \bigcap_{k \in \mathbb{Z}^+} I_k$ をとることができる．$x, x_{n_k} \in I_k$ だから，$|x_{n_k} - x| \leq \dfrac{M}{2^{k-1}} \xrightarrow[k \to \infty]{} 0$ が成り立つ．

つまり，$\{x_n\}$ の部分列 $\{x_{n_k}\}$ は $x \in I_k \subset I_1 = I$ に収束する．□

6.5.2 距離空間における点列の収束

6.5.1 項では $\mathbb{R}$ における収束について学んだが，一般の距離空間においても同様の議論ができる．

定義 6.15　点列

距離空間 X 上の点 $\boldsymbol{x}_1, \boldsymbol{x}_2, \ldots, \boldsymbol{x}_n, \ldots$ （これを数列と同じように $\{\boldsymbol{x}_n\}$ とかく）を X 上の**点列** (point sequence) とよぶ．

定義 6.15 の図は $X = \mathbb{R}^2$ のときの点列のイメージである．

106   第6章 距離空間

定義 6.16　点列の収束

距離空間 X 上の点列 $\{x_n\}$ において，任意の $\varepsilon > 0$ に対して，ある正整数 n_0 が存在して，$n > n_0$ ならば $x_n \in B(x; \varepsilon)$ を満たすとき，x_n は x に**収束する** (converge) といい，x を $\{x_n\}$ の**極限点** (limiting point) とよぶ．このとき，$\lim_{n \to \infty} x_n = x$, $n \to \infty$ のとき $x_n \to x$, $x_n \xrightarrow[n \to \infty]{} x$ などとかく．

定理 6.2　極限の一意性

(X, d) を距離空間とする．X における点列 $\{x_n\}$ が極限点をもつとすれば，ただ一つである．

[証 明]

$\{x_n\}$ が2点 x, y に収束すると仮定しても，結局 $x = y$ となることを示す．$\lim_{n \to \infty} x_n = x$, $\lim_{n \to \infty} x_n = y$ とする．$\lim_{n \to \infty} x_n = x$ だから，任意の実数 $\varepsilon > 0$ に対し，ある番号 n_1 が存在して，$n > n_1$ のとき $x_n \in B\left(x; \dfrac{\varepsilon}{2}\right)$ を満たす．言い換えれば，番号 n_1 から先のすべての点 x_n と x との距離 $d(x_n, x)$ は $\dfrac{\varepsilon}{2}$ 未満である．

次に，$\lim_{n \to \infty} x_n = y$ だから，任意の実数 $\varepsilon > 0$ に対し，ある番号 n_2 が存在して，$n > n_2$ のとき $x_n \in B\left(y; \dfrac{\varepsilon}{2}\right)$ を満たす．いい換えれば，番号 n_2 から先のすべての点 x_n と y との距離 $d(x_n, y)$ は $\dfrac{\varepsilon}{2}$ 未満である．

ここで，点 x と y の距離を測ってみる．番号 n が十分大きいとき，具体的には $n_0 = \max\{n_1, n_2\}$ として，$n > n_0$ であるとき，すべての x_n について

$$d(x, y) \leqq d(x, x_n) + d(x_n, y) < \frac{\varepsilon}{2} + \frac{\varepsilon}{2} = \varepsilon \quad (\because 三角不等式) \qquad (6.35)$$

が成り立つ．これは，$d(x, y) = 0 \iff x = y$ であることを示している．　□

読者は突然 $\dfrac{\varepsilon}{2}$ が現れて戸惑ったかもしれない．上の証明においては，$B(x; \varepsilon)$, $B(y; \varepsilon)$ などとしてもよく，そうすると，

$$d(\boldsymbol{x}, \boldsymbol{y}) \leqq d(\boldsymbol{x}, \boldsymbol{x}_n) + d(\boldsymbol{x}_n, \boldsymbol{y}) < \varepsilon + \varepsilon = 2\varepsilon \quad (\because 三角不等式) \qquad (6.36)$$

となるわけである. ε はどんなに小さくとってもよいから, 2ε もいくらでも小さくとれる. したがって, 証明としてはこれで正しいのだが, 見栄えをよくするために証明の結論部分を先読みして $\frac{\varepsilon}{2}$ としたのである.

また, 次のように示してもよい.

$$\lim_{n \to \infty} \boldsymbol{x}_n = \boldsymbol{x} \Longleftrightarrow \lim_{n \to \infty} d(\boldsymbol{x}_n, \boldsymbol{x}) = 0 \qquad (6.37)$$

$$\lim_{n \to \infty} \boldsymbol{x}_n = \boldsymbol{y} \Longleftrightarrow \lim_{n \to \infty} d(\boldsymbol{x}_n, \boldsymbol{y}) = 0 \qquad (6.38)$$

だから, $0 \leqq d(\boldsymbol{x}, \boldsymbol{y}) \leqq d(\boldsymbol{x}, \boldsymbol{x}_n) + d(\boldsymbol{x}_n, \boldsymbol{y}) \underset{n \to \infty}{\longrightarrow} 0$. よって, $d(\boldsymbol{x}, \boldsymbol{y}) = 0$.

6.5.3 | 距離空間の開集合・閉集合の点列による特徴付け

開集合・閉集合は点列を用いて特徴付けをすることができる.

定理 6.3 開集合の点列による特徴付け

X を距離空間とする. このとき,

$$A \text{ が } X \text{ の開集合} \Longleftrightarrow (*) \begin{cases} 点 \boldsymbol{x} \in A \text{ に収束するどんな点列 } \{\boldsymbol{x}_n\} \text{ を} \\ とっても, それに対してある番号 n_0 が \\ 存在して, n > n_0 ならば \boldsymbol{x}_n \in A となる \end{cases}$$
$$(6.39)$$

[証 明]

($\Longrightarrow$) $\boldsymbol{x} \in A$ ならば定義 6.7 から, ある $B(\boldsymbol{x}; \varepsilon)$ が存在して $\boldsymbol{x} \in B(\boldsymbol{x}; \varepsilon) \subset A$ を満たす. このとき, $\lim_{n \to \infty} \boldsymbol{x}_n = \boldsymbol{x}$ より, ある番号 n_0 が存在して, $n > n_0$ ならば $\boldsymbol{x}_n \in B(\boldsymbol{x}; \varepsilon)$ を満たす.

($\Longleftarrow$) $\boldsymbol{x}_{n_0+1} \in A$ だから, $d(\boldsymbol{x}, \boldsymbol{a}_{n_0+1}) = \varepsilon$ とおくと, $\lim_{n \to \infty} \boldsymbol{x}_n = \boldsymbol{x}$ より, $\boldsymbol{x}_{n_0+2}$ 以降のすべての点 $\boldsymbol{x}_n$ が $B(\boldsymbol{x}; \varepsilon)$ に属する. つまり, $\boldsymbol{x} \in B(\boldsymbol{x}; \varepsilon) \subset A$ となるから A は開集合である. $\qquad\square$

$\boxed{問\ 6.7}$ 定理 6.3 の必要条件 ($*$) の否定命題を述べよ. また, その否定命題

の反例を1つ挙げよ．

定理 6.4　触点の点列による特徴付け

(X, d) を距離空間として，$F \subset X$ とする．このとき，

$$\boldsymbol{x} \in F^a \iff \boldsymbol{x} \text{ に収束する } F \text{ 上のある点列 } \{\boldsymbol{x}_n\} \text{ が存在する} \tag{6.40}$$

[証明]

($\Longrightarrow$) $\boldsymbol{x} \in F^a$ のとき，定義 6.13 から，任意の $n > 0$ に対し，$B\left(\boldsymbol{x}; \dfrac{1}{n}\right) \cap F \neq \emptyset$ が成り立つ．そこで，n 番目の点 $\boldsymbol{x}_n$ を $B\left(\boldsymbol{x}; \dfrac{1}{n}\right) \cap F$ からとると，F 上の点列 $\{\boldsymbol{x}_n\}$ をつくることができて

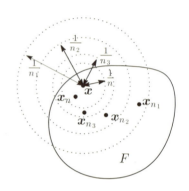

$$0 \leqq d(\boldsymbol{x}_n, \boldsymbol{x}) < \frac{1}{n} \xrightarrow[n \to \infty]{} 0 \tag{6.41}$$

を満たす．すなわち，$\lim_{n \to \infty} \boldsymbol{x}_n = \boldsymbol{x}$ である．

($\Longleftarrow$) $\boldsymbol{x}_n \in F$, $\lim_{n \to \infty} \boldsymbol{x}_n = \boldsymbol{x}$ とする．このとき，任意の $\varepsilon > 0$ に対して，ある番号 n_0 が存在して，$n > n_0$ のとき $\boldsymbol{x}_n \in B(\boldsymbol{x}; \varepsilon)$ を満たす．$\boldsymbol{x}_n \in F$ であるから，$B(\boldsymbol{x}; \varepsilon) \cap F \neq \emptyset$ である．これは $\boldsymbol{x} \in F^a$ の定義そのものである． □

定理 6.5　閉集合の点列による特徴付け

(X, d) を距離空間として，$F \subset X$ とする．このとき，

$$F \text{ が閉集合} \iff \text{収束する } F \text{ 上の任意の点列の極限点は } F \text{ に属する} \tag{6.42}$$

[証明]

($\Longrightarrow$) $\{\boldsymbol{x}_n\} \subset F$, $\boldsymbol{x} = \lim_{n \to \infty} \boldsymbol{x}_n$ とする．もし，$\boldsymbol{x} \notin F$ とすると $\boldsymbol{x} \in F^c$ である．いま，F^c は開集合だから，定理 6.3 により，ある n_0 が存在して $\boldsymbol{x}_{n_0} \in F^c$ を満たす．つまり，$\boldsymbol{x}_{n_0} \notin F$ であるが，これは $\{\boldsymbol{x}_n\} \subset F$ に反する．

($\Longleftarrow$) 対偶，すなわち，「F が閉集合でない $\Longrightarrow$ 収束する F 上のある点列の極

限点は F に属さない」を示す.いま,F^c は開集合ではないから,ある $x \in F^c$ が存在して,任意の $B(x;\varepsilon)$ について $B(x;\varepsilon) \not\subset F^c$ となる.特に,ε として $\dfrac{1}{n}$ を考えると,任意の $B\left(x;\dfrac{1}{n}\right)$ について $B\left(x;\dfrac{1}{n}\right) \not\subset F^c$ となる.したがって,定理 6.4 の ($\Longrightarrow$) の証明と同様に考え,点 $x_n \in B\left(x;\dfrac{1}{n}\right) - F^c$ をとることができる.このとき,$x_n \notin F^c$ だから $x_n \in (F^c)^c = F$ である.一方,$d(x,x_n) < \dfrac{1}{n}$ だから $\{x\}$ は $x \in F^c$ に収束する.以上より示された. □

【例 6.10】1 点集合
距離空間 X において,1 点集合 $\{x\} \subset X$ は閉集合である.定理 6.5 より定点列 $x_n = x$ を考えればよいからである.

ここで重要なことを一つ強調しておきたい.定理 6.5 が要求しているのは,「$\lim_{n \to \infty} x_n$ が存在する**任意の(すべての)**の点列の極限点 x が F に属する」ということである.その例を次に示す.

【例 6.11】閉集合であることの特徴付け
$\mathbb{R}$ の閉区間を $F = [0,1]$,点列(数列)を $a_n = \dfrac{1}{n}$ とすると,$\lim_{n \to \infty} a_n = 0$ である.また,$\lim_{n \to \infty} a_n = 0 \in F$ である.しかしながら,ただ 1 つの数列 $a_n = \dfrac{1}{n}$ の極限値 0 が $F = [0,1]$ に属するからといって F が閉集合と判断することはできない.しかし,閉集合でないことを示すことであれば,反例を 1 つ用意すればよいので,次のことはいえる.すなわち,$I = (0,1)$ とすると,$\lim_{n \to \infty} a_n = 0 \notin I$ であるから,I は閉集合ではない.一般に実数 $a, b\,(a < b)$ に対して (a,b) は閉集合ではない.

極限点が閉じない

━━━━━━━━━━━━━━━━ 発 展 問 題 ━━━━━━━━━━━━━━━━

6.1 例 6.2 のマンハッタン距離 d_1 について，以下の問に答えよ．

(a) 原点 O(0,0) と点 A(1,3) に対して，$d_1(\mathrm{O},\mathrm{P}) = d_1(\mathrm{P},\mathrm{A})$ を満たす点 P(x,y) の範囲を xy 平面上に図示せよ．

(b) 点 A(1,3) と点 B(-1,1) に対して，$d_1(\mathrm{P},\mathrm{A}) = d_1(\mathrm{P},\mathrm{B})$ を満たす点 P(x,y) の範囲を xy 平面上に図示せよ．

6.2 距離空間 (X,d) が与えられているとき，$\boldsymbol{x},\boldsymbol{y}\in X$ に対して，$\tilde{d}(\boldsymbol{x},\boldsymbol{y}) = \dfrac{d(\boldsymbol{x},\boldsymbol{y})}{1+d(\boldsymbol{x},\boldsymbol{y})}$ と定義するとき，$\tilde{d}$ も距離関数となることを示せ．必要なら，実関数 $f(x) = \dfrac{x}{1+x}$ が単調増加であることは用いてよい．なお，$\left|\dfrac{d(\boldsymbol{x},\boldsymbol{y})}{1+d(\boldsymbol{x},\boldsymbol{y})}\right| < 1$ となるから，距離関数 $\tilde{d}$ によって，任意の距離空間を半径 1 の開球に押し込むことができる．

6.3 数列

$$a_n = \begin{cases} 1 & \left(n=2,5,9,\ldots,\dfrac{1}{2}n(n-1)+2n,\ldots\right) \\ 0 & （その他） \end{cases} \tag{6.43}$$

は収束するかどうか判定せよ．

6.4 F を距離空間の部分集合とする．このとき，$[F^c\text{が開集合}\Longrightarrow F^f\subset F]$ を示せ．

第 7 章
位相空間

7.1 位相空間

7.1.1 開集合系による位相

第 6 章では「近さ」の概念を一般化した距離および距離空間について学んだ．そして，距離は「近さ」を数値で与えたものであった．第 7 章ではこれをさらに一般化し，「近さ」を表す定量的な尺度を手放すことになる．位相空間では距離の代わりに，開集合系（あるいは閉集合系・近傍系）が空間の構造を与える（定理 7.6）．「近さ」を直接的に定義するのではなく，点がどんな開集合に属しているのかをもとにして，点どうしの関係を調べるのである．したがって，「収束」や「連続性」の概念をも開集合によって定義することになる（連続写像については第 8 章で詳説する）．

定義 7.1　位相空間

X を集合，$\mathcal{O}$ を X の部分集合系として，次の性質をもつものとする．ただし，添え字 λ の集合である Λ は，任意の集合であり可算とは限らない．

$(\mathcal{O}1)$ $X \in \mathcal{O}, \varnothing \in \mathcal{O}$

$(\mathcal{O}2)$ $O_1, O_2 \in \mathcal{O}$ ならば $O_1 \cap O_2 \in \mathcal{O}$

$(\mathcal{O}3)$ $O_\lambda \in \mathcal{O}(\lambda \in \Lambda)$ ならば $\displaystyle\bigcup_{\lambda \in \Lambda} O_\lambda \in \mathcal{O}$

このとき，X と $\mathcal{O}$ の組 $(X, \mathcal{O})$ を**位相空間** (topological space) といい，$\mathcal{O}$ が X に**位相を定める** (topologize) という．あるいは簡単に $\mathcal{O}$ は X の 1 つの**位相** (topology) または**開集合系** (open set system) であるという．

---

112 第 7 章 位相空間

$O \in \mathcal{O}$ を X の**開集合** (open set) という.

【例 7.1】距離空間・誘導された位相

(X, d) を距離空間として,X の部分集合の系 $\mathcal{O}$ を定義 6.7 の開集合 O 全体からなる系とする.このとき,$(X, \mathcal{O})$ は $(\mathcal{O}1) \sim (\mathcal{O}3)$ を満たすから位相空間である.

まず,$\mathcal{O}$ が $(\mathcal{O}1)$ を満たすことを示す.

$\underline{X \text{ が開集合であること}}$　　各点 $\boldsymbol{x}$ に対して,適当な ε をとれば $B(\boldsymbol{x}; \varepsilon) \subset X$ となるからである.

$\underline{\varnothing \text{ が開集合であること}}$　　一般に O が開集合であることの定義は,各点 $\boldsymbol{x}$ に対して,ある $B(\boldsymbol{x}; \varepsilon)$ が存在して,$\boldsymbol{x} \in O \Longrightarrow B(\boldsymbol{x}; \varepsilon) \subset O$ となることである.いま,$\boldsymbol{x} \in \varnothing \Longrightarrow B(\boldsymbol{x}; \varepsilon) \subset \varnothing$ が真であればよいのだが,$\boldsymbol{x} \in \varnothing$ は偽であるから,$\boldsymbol{x} \in \varnothing \Longrightarrow B(\boldsymbol{x}; \varepsilon) \subset \varnothing$ は真である.つまり,$\varnothing$ は開集合である.

$\mathcal{O}$ が $(\mathcal{O}2), (\mathcal{O}3)$ を満たすことは,定理 6.1 から直ちに従う.

ここで示した距離空間 (X, d) の位相 $\mathcal{O}$ を,距離 d が与える位相,あるいは距離 d から**誘導された** (induced) 位相とよぶ.

位相空間の開集合系は,距離空間の開集合が満たしている性質を用いて定義しているのである.

【例 7.2】ユークリッド空間

例 7.1 からユークリッド空間も位相空間であることが直ちにわかる.

【例 7.3】密着位相空間

X を集合とし,$\mathcal{O}_0 = \{X, \varnothing\}$ とすると,$\mathcal{O}_0$ は定義 7.1 の $(\mathcal{O}1) \sim (\mathcal{O}3)$ を満たす.$(X, \mathcal{O}_0)$ を**密着位相空間** (indiscrete topological space) という.

| 問 7.1 |　例 7.3 の $\mathcal{O}_0$ が定義 7.1 の $(\mathcal{O}1) \sim (\mathcal{O}3)$ を満たすことを示せ.

7.1 位相空間　113

問 7.2　$\mathcal{O}_1, \mathcal{O}_2, \mathcal{O}_3$ を集合 $X = \{a, b, c\}$ の次の部分集合系とする．いずれも位相にはなっていない．それぞれに最も少ない X の部分集合を付加して位相となるようにせよ．

(a) $\mathcal{O}_1 = \{\{a\}, \{a, b\}, X\}$
(b) $\mathcal{O}_2 = \{\varnothing, \{a, b\}, \{b, c\}, X\}$
(c) $\mathcal{O}_3 = \{\varnothing, \{a\}, \{b\}, \{c\}, X\}$

　例 7.1 と例 7.2 から，ユークリッド空間 $\mathbb{R}^n$ も位相空間であることがわかるのだが，$\mathbb{R}^n$ に位相が導入されていることを意識することはまれである．通常，$\mathbb{R}^n$ での収束や連続性は位相を意識することなく，解析学の一部として議論がなされる．一方，空間上の点が離散的に与えられている場合は，位相を導入することで $\mathbb{R}^n$ 上の解析学と同様の議論が可能になる．このような「離散数学」とよばれる分野の一部は，離散量を対象とするデータサイエンスに広く応用されている．

定義 7.2　距離付け可能

　位相空間 $(X, \mathcal{O})$ が与えられたとき，X の距離関数 d が存在して，d によって定まる X の開集合系が $\mathcal{O}$ と一致するとき，$\mathcal{O}$ は d により **距離付け可能** (metrizable) という．

【例 7.4】離散位相空間

　X を集合とし，$\mathcal{O}_1 = \mathscr{P}(X)$ とすると，$\mathcal{O}_1$ は定義 7.1 の $(\mathcal{O}1) \sim (\mathcal{O}3)$ を満たす．$(X, \mathcal{O}_1)$ を **離散位相空間** (discrete topological space) という．

　$(X, \mathcal{O})$ が離散位相空間のとき，$d: X \times X \to \mathbb{R}$ を $d(x, y) \underset{\text{def}}{=}$
$\begin{cases} 1 \ (x \neq y) \\ 0 \ (x = y) \end{cases}$ と定義すると，$\mathcal{O}$ は d により距離付け可能となる．このとき，(X, d) は離散距離空間である（例 6.1）．

問 7.3　例 7.4 の $\mathcal{O}$ が定義 7.1 の $(\mathcal{O}1) \sim (\mathcal{O}3)$ を満たすことを示せ．

114   第7章　位相空間

命題 7.1　同値な開集合系

$(X, \mathcal{O})$ を位相空間とする．$\mathcal{O}$ が距離関数 d により距離付け可能であるとき，任意の $\alpha > 0$ に対して，αd は同じ開集合系 $\mathcal{O}$ を与える X の距離関数である．

［証明］

(X, d) を距離空間とする．このとき，定義 6.7 より

$$O \subset X \text{ が開集合} \iff \begin{cases} \text{任意の } \boldsymbol{x} \in O \text{ に対し，ある } \varepsilon \text{ 近傍 } B(\boldsymbol{x}; \varepsilon) \\ \text{が存在して } \boldsymbol{x} \in B(\boldsymbol{x}; \varepsilon) \subset O \text{ を満たす} \end{cases}$$

であり，$B(\boldsymbol{x}; \varepsilon) = \{\boldsymbol{y} \in X \mid d(\boldsymbol{x}, \boldsymbol{y}) < \varepsilon\}$ であった．いま，$d'(\boldsymbol{x}, \boldsymbol{y}) \underset{\text{def}}{=} \alpha d(\boldsymbol{x}, \boldsymbol{y}) \, (\alpha > 0)$ と定義する．d' における ε 近傍を $B'(\boldsymbol{x}; \varepsilon)$ とすると

$$B'(\boldsymbol{x}; \varepsilon) = \{\boldsymbol{y} \in X \mid d'(\boldsymbol{x}, \boldsymbol{y}) < \varepsilon\} = \left\{\boldsymbol{y} \in X \,\middle|\, d(\boldsymbol{x}, \boldsymbol{y}) < \frac{\varepsilon}{\alpha}\right\} = B\left(\boldsymbol{x}; \frac{\varepsilon}{\alpha}\right) \tag{7.1}$$

となるから，d と $\alpha d \, (\alpha > 0)$ は同じ開集合系 $\mathcal{O}$ を与える．　　　□

7.1.2 | 位相空間の基底

定義 6.6 では，距離空間の開集合 O を $O = \bigcup_{\boldsymbol{x} \in O} B(\boldsymbol{x}; \varepsilon_{\boldsymbol{x}})$ と定義した．これは，「境界」をもたない $B(\boldsymbol{x}; \varepsilon)$ の和集合を開集合の定義とすることで，① 開集合にも「境界」がないということ，② $B(\boldsymbol{x}; \varepsilon)$ がすべての開集合を構成する元素のような存在であること，を読者にイメージしてもらいたかったからである．特に，② から，距離空間に関する性質は $B(\boldsymbol{x}; \varepsilon)$ を用いて記述できることがわかる．位相空間についても同様で，以下に定義する基底を用いて記述することで，位相空間がもつ性質をより簡明に述べることができる．さらに，基底から位相を構成することもできる．

定義 7.3　基底

$(X, \mathcal{O})$ を位相空間として，$\mathcal{O}' \subset \mathcal{O}$ とする．任意の $O \in \mathcal{O}$ に対して，

$O'_\lambda \in \mathcal{O}'$ を用いて $O = \bigcup_{\lambda \in \Lambda} O'_\lambda$ とかけるとき,$\mathcal{O}'$ を $\mathcal{O}$ の **基底** (base) または **開基底** (open base) という.このとき,$\mathcal{O} = \{\bigcup_{\lambda \in \Lambda} O'_\lambda \mid O'_\lambda \in \mathcal{O}'\}$ とかける.

定理 7.1　基底であることの必要十分条件

$(X, \mathcal{O})$ を位相空間として,$\mathcal{O}' \subset \mathcal{O}$ とする.このとき,

$$\mathcal{O}' \text{ が } \mathcal{O} \text{ の基底} \Longleftrightarrow \begin{cases} \text{任意の } O \in \mathcal{O} \text{ と } \boldsymbol{x} \in O \text{ に対して,ある} \\ O' \in \mathcal{O}' \text{ が存在して,} \boldsymbol{x} \in O' \subset O \text{ を満たす} \end{cases} \quad (7.2)$$

[証 明]

($\Longrightarrow$) $\mathcal{O}'$ を $\mathcal{O}$ の基底とすると,任意の $O \in \mathcal{O}$ に対して,$O'_\lambda \in \mathcal{O}'$ を用いて $O = \bigcup_{\lambda \in \Lambda} O'_\lambda$ とかける.したがって,$\boldsymbol{x} \in O$ をとると,ある λ_0 が存在して,$\boldsymbol{x} \in O'_{\lambda_0}$ を満たす.よって,$\boldsymbol{x} \in O'_{\lambda_0} \subset O$ である.

($\Longleftarrow$) $O \in \mathcal{O}, \boldsymbol{x} \in O$ に対して,ある $O'_{\boldsymbol{x}} \in \mathcal{O}'$ が存在して,$\boldsymbol{x} \in O'_{\boldsymbol{x}} \subset O$ を満たす.よって,$O = \bigcup_{\boldsymbol{x} \in O} O'_{\boldsymbol{x}}$ とかける. □

【例 7.5】 距離空間の基底

(X, d) を距離空間として,$\mathcal{O}$ をその開集合系とする.$\mathcal{O}' = \{B(x; \varepsilon) \mid x \in X, \varepsilon > 0\}$ とおくと,$\mathcal{O}' \subset \mathcal{O}$ であり,$\mathcal{O}'$ は $\mathcal{O}$ の基底である.なぜならば,定義 6.7 より

$$O \text{ が } X \text{ の開集合} \Longleftrightarrow \begin{cases} \text{各点 } \boldsymbol{x} \in O \text{ に対して,ある } B(x; \varepsilon) \text{ が} \\ \text{存在して,} \boldsymbol{x} \in B(x; \varepsilon) \subset O \text{ を満たす} \end{cases}$$

であるからである.

7.1.3 | 位相空間のいろいろな点と閉集合

距離空間で定義した「内点,外点,境界点,触点」などは,位相空間でも距離空間のときと同様にして定義できる.ただし,距離空間 X のときに用いた

116　第 7 章　位相空間

$x \in X$ の ε 近傍 $B(x; \varepsilon)$ ではなく，開集合 O を用いて定義する．以下にまとめておく．

定義 7.4　位相空間における様々な点の定義

$(X, \mathcal{O})$ を位相空間として，$A \subset X$, $x \in X$ とする．また，$O \in \mathcal{O}$ とする．

内点・内部

- x が A の**内点** (interior point) であるとは，ある O が存在して $x \in O \subset A$ を満たすことをいう．
- $A^{\circ} = \{x \mid x$ は A の内点$\}$ を A の**内部** (interior) という．

外点・外部

- x が A の**外点** (exterior point) であるとは，ある O が存在して $x \in O \subset A^c$ を満たすことをいう．
- $A^e = \{x \mid x$ は A の外点$\}$ を A の**外部** (exterior) という．

境界点・境界

- x が A の内点でも外点でもないとき，x を A の**境界点** (boundary point) という．つまり，x が A の**境界点**とは，x を含む任意の開集合 O が $O \cap A^c \neq \varnothing$ かつ $O \cap A \neq \varnothing$ を満たすことをいう．
- $A^f = \{x \mid x$ は A の境界点$\}$ を A の**境界** (boundary) という．

触点・閉包

- x が A の**触点** (closure point) であるとは，x を含む任意の開集合 O が $O \cap A \neq \varnothing$ を満たすことをいう．
- $A^a = \{x \mid x$ は A の触点$\}$ を A の**閉包** (closure) という．

閉集合

- X の部分集合 F が**閉集合** (closed set) であるとは，F^c が開集合である

ことをいう．

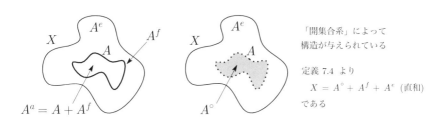

問 7.4　X の部分集合が有限個のとき，開集合の数と閉集合の数は等しいことを示せ．

距離空間において示された命題 6.4，命題 6.5，系 6.1，系 6.2，命題 6.6，命題 6.7，系 6.3，系 6.4，系 6.5 は，一般の位相空間でも成り立つ．以下にまとめておく．

命題 7.2　内部・外部の性質，内部と閉包の関係

X を位相空間として，$A, B \subset X$ とする．このとき，次の (1)〜(9) が成り立つ．

内部

(1)　$A^\circ \subset A$

(2)　$A \subset B \Longrightarrow A^\circ \subset B^\circ$

(3)　A が開集合 $\Longleftrightarrow A = A^\circ$

(4)　$(A^\circ)^\circ = A^\circ$．特に A° は開集合である．

閉包

(5)　$A \subset A^a$

(6)　$A \subset B \Longrightarrow A^a \subset B^a$

(7)　A が閉集合 $\Longleftrightarrow A = A^a$

(8)　$(A^a)^a = A^a$．特に A^a は閉集合である．

> **内部と閉包の関係**
>
> (9)　$(A^a)^c = (A^c)^\circ$,　$(A^\circ)^c = (A^c)^a$

[証明]

距離空間における命題と同様にして証明できる．近傍 $B(\boldsymbol{x};\varepsilon)$ の代わりに開集合 O を用いる． □

> **定義 7.5　第 2 可算公理**
>
> 位相空間 $(X, \mathcal{O})$ がたかだか可算個の要素からなる基底 $\mathcal{O}'$ をもつとき，X は**第 2 可算公理** (second axiom of countablity) を満たすという．

つまり，集合 X に位相を入れる際に必要最小限な開集合の数（濃度）が可算であるとき，第 2 可算公理を満たすというのである．

> **【例 7.6】** n 次元ユークリッド空間
>
> n 次元ユークリッド空間は第 2 可算公理を満たす．
>
> $\mathcal{O} = \{ O \mid O \subset \mathbb{R}^n \text{ は開集合} \}$
> $\cup$
> $\mathcal{O}' = \{ B(\boldsymbol{x};\varepsilon) \mid \boldsymbol{x} \in \mathbb{R}^n, \varepsilon > 0 \}$
> $\cup$
> $\mathcal{O}'' = \left\{ B\left(\boldsymbol{x}; \dfrac{1}{m}\right) \mid \boldsymbol{x} \in \mathbb{Q}^n, m \in \mathbb{Z}^+ \right\}$
>
> $\mathbb{R}^n \supset \mathbb{Q}^n \ni \boldsymbol{x} = (x_1, x_2, \ldots, x_n), x_i \in \mathbb{Q}$
>
>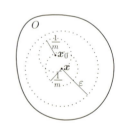
>
> であって，$\mathcal{O}''$ は $\mathcal{O}$ の基底であり，$\mathcal{O}''$ の要素はたかだか可算個だからである．
>
> 実際，任意の開集合 $O \subset \mathbb{R}^n$ から任意の点 $\boldsymbol{x} \in O$ をとると，ある $B(\boldsymbol{x};\varepsilon) \in \mathcal{O}'$ が存在して $\boldsymbol{x} \in B(\boldsymbol{x};\varepsilon) \subset O$ を満たす．m を上手く選ぶと $\dfrac{1}{m} < \dfrac{\varepsilon}{2}$ とできるので，ある $\boldsymbol{x}_0 \in \mathbb{Q}^n$ が存在して $\boldsymbol{x}_0 \in B\left(\boldsymbol{x}; \dfrac{1}{m}\right)$ を満たす．したがって，$\boldsymbol{x} \in B\left(\boldsymbol{x}_0; \dfrac{1}{m}\right) \subset B(\boldsymbol{x};\varepsilon)$ となる．よって，$\boldsymbol{x} \in B\left(\boldsymbol{x}_0; \dfrac{1}{m}\right) \subset O$ かつ $B\left(\boldsymbol{x}_0; \dfrac{1}{m}\right) \in \mathcal{O}''$ であるから，$\mathcal{O}''$ は $\mathcal{O}$

の基底である[1].

7.1.4 | 閉集合系

距離空間において，X と $\varnothing$ は X の開集合であるが閉集合でもある．閉集合全体の集合を $\mathcal{F}$ とするとき，閉集合の定義から，$O \in \mathcal{O} \Longleftrightarrow O^c \in \mathcal{F}$ だからである．一般に，位相空間の閉集合について以下が成り立つ．

定理 7.2　閉集合の性質

$(X, \mathcal{O})$ を位相空間とする．$\mathcal{F} = \{F \mid F \subset X$ は閉集合$\}$ とおくと，$\mathcal{F}$ は次の $(\mathcal{F}1)$ に加えて，定理 6.1 の (3), (4) の性質，すなわち，次の $(\mathcal{F}2)$, $(\mathcal{F}3)$ を満たす．

$(\mathcal{F}1)$ $X \in \mathcal{F}, \varnothing \in \mathcal{F}$

$(\mathcal{F}2)$ $F_1, F_2 \in \mathcal{F}$ ならば $F_1 \cup F_2 \in \mathcal{F}$

$(\mathcal{F}3)$ $F_\lambda \in \mathcal{F}(\lambda \in \Lambda)$ ならば $\displaystyle\bigcap_{\lambda \in \Lambda} F_\lambda \in \mathcal{F}$

［証　明］

$(\mathcal{F}1)$：$X \in \mathcal{F} \Longleftrightarrow X^c = \varnothing \in \mathcal{O}, \varnothing \in \mathcal{F} \Longleftrightarrow \varnothing^c = X \in \mathcal{O}$ であるが，これは定義 7.1 の $(\mathcal{O}1)$ から成り立つ．

$(\mathcal{F}2)$, $(\mathcal{F}3)$：定義 7.1 の $(\mathcal{O}2)$, $(\mathcal{O}3)$ に命題 3.3 を適用すればよい．　　　□

$\mathcal{F}$ は X の**閉集合系** (closed set system) とよばれる．定義 7.1 で $(\mathcal{O}1) \sim (\mathcal{O}3)$ を満たす集合を開集合と定義したように，$(\mathcal{F}1) \sim (\mathcal{F}3)$ を満たす集合を閉集合と定義してもよい．ただし，その場合は $F \in \mathcal{F}$ であるとき，$F^c \in \mathcal{O}$ が $(\mathcal{O}1) \sim (\mathcal{O}3)$ を満たすことを示さなければならない．

ところで，定義 7.1 の $(\mathcal{O}2)$ や定理 7.2 の $(\mathcal{F}2)$ はなぜ有限個でなければならないのだろうか（$(\mathcal{O}2)$ も $(\mathcal{F}2)$ も帰納的に n 個（$n \geqq 3$）で成り立つ）．一般に

---

[1] 例 4.11 から $\mathbb{Z}$ は可算である．有理数 $\mathbb{Q}$ は 2 つの整数 m, n の組 (m, n) と考えることができるから，命題 4.1 より可算である．その有限個の直積 $\mathbb{Q}^n$ も可算である．

120　第 7 章　位相空間

$$O_\lambda \in \mathcal{O}_{\lambda \in \Lambda} \Longrightarrow \bigcap_{\lambda \in \Lambda} O_\lambda \in \mathcal{O}, \quad F_\lambda \in \mathcal{F}_{\lambda \in \Lambda} \Longrightarrow \bigcup_{\lambda \in \Lambda} F_\lambda \in \mathcal{F} \tag{7.3}$$

は**成り立たない**. それぞれの反例を以下に示しておこう.

【例 7.7】 $(\mathcal{O}2)$ と $(\mathcal{F}2)$ に関する反例

　$X = \mathbb{R}$ （1 次元ユークリッド空間）とする.

$(\mathcal{O}2)$ **について**　$O_n = \left(-\dfrac{1}{n}, \dfrac{1}{n}\right)$ （開区間）とすると, $\bigcap_{n=1}^{\infty} O_n = \{0\}$ となる. これは, 例 6.6 より $\mathbb{R}$ の開集合ではない.

$(\mathcal{F}2)$ **について**　$F_n = \left[-1+\dfrac{1}{n}, 1-\dfrac{1}{n}\right]$ （閉区間）とすると, $\bigcup_{n=1}^{\infty} F_n = (-1,1)$ となる. これは, 例 6.11 より $\mathbb{R}$ の閉集合ではない.

7.1.5 | 近傍系

　位相空間では, 距離の概念を用いず, 開集合によって近傍を定義する. 実は位相空間において, 開集合系と閉集合系, 近傍系を与えることは同値であり, そのいずれでも位相を定義できる（定理 7.6）.

定義 7.6　近傍系

　X を位相空間として, $U \subset X$ とする. $\boldsymbol{x} \in X$ が U の内点となっているとき, すなわち, X のある開集合 O が存在して $\boldsymbol{x} \in O \subset U$ を満たすとき, U を $\boldsymbol{x}$ の**近傍** (neightborhood) という. $\boldsymbol{x}$ の近傍全体の系を**近傍系** (system of neighborhoods) といい, $\mathcal{U}(\boldsymbol{x})$ とかく.

【例 7.8】 開集合, ε 近傍

　U は X の開集合とし, $\boldsymbol{x} \in U$ とする. $O = U$ とすると, $\boldsymbol{x} \in O \subset U$ となるから U は $\boldsymbol{x}$ の近傍である. つまり, $\boldsymbol{x}$ を含む開集合 O は $\boldsymbol{x}$ の近傍である. したがって, X も $\boldsymbol{x}$ の近傍である.

　特に, X が距離空間のときは, 「$U \in \mathcal{U}(\boldsymbol{x}) \underset{\text{def}}{\Longleftrightarrow}$ ある $B(\boldsymbol{x}; \varepsilon)$ が存在して $B(\boldsymbol{x}; \varepsilon) \subset U$ を満たす」である.

　一般に, 位相空間における開集合と近傍に関して次が成り立つ.

7.1 位相空間 121

定理 7.3　開集合と近傍の関係

X を位相空間として，$A \subset X$ とする．このとき，

$$A \text{ が } X \text{ の開集合} \iff \text{任意の } \boldsymbol{x} \in A \text{ に対して } A \in \mathcal{U}(\boldsymbol{x}) \qquad (7.4)$$

[証明]

($\Longrightarrow$) A が開集合であれば $\boldsymbol{x} \in A$ に対して，$\boldsymbol{x}$ の近傍として A 自身をとればよい．

($\Longleftarrow$) A の任意の点 $\boldsymbol{x}$ に対して，$A \in \mathcal{U}(\boldsymbol{x})$ ならば近傍の定義 7.6 から $\boldsymbol{x} \in A^{\circ}$ である．したがって，$A \subset A^{\circ}$ である．一方，命題 7.2(1) より $A^{\circ} \subset A$ であるから，$A = A^{\circ}$ が成り立つ．命題 7.2(4) より A° は開集合であるから A も開集合である．　　　　　　　　　　　　　　　　　　　　　　　　　　　　□

問 7.5　　上の証明の ($\Longleftarrow$) で命題 7.2 を用いたが，近傍の定義 7.6 と位相の定義 7.1 より直接的に示すこともできる．これを示せ．

次に，近傍系が満たす重要な性質 $(\mathcal{U}1) \sim (\mathcal{U}4)$ を示す．定義 7.6 を用いずに，定理 7.4，すなわち性質 $(\mathcal{U}1) \sim (\mathcal{U}4)$ を満たすものを近傍系 $\mathcal{U}(\boldsymbol{x})$ と定義することもできる．このとき，$\mathcal{U}(\boldsymbol{x})$ の元は定義 7.1 の $(\mathcal{O}1) \sim (\mathcal{O}3)$ を満たすことが知られている．つまり，定理 7.4 は近傍系の公理になり得るし，それをもって位相を定義することもできるのである．つまり，位相構造の議論は，開集合系から始めても近傍系から始めてもよいのである．

定理 7.4　近傍の性質

$(X, \mathcal{O})$ を位相空間とする．$\boldsymbol{x}$ の近傍系 $\mathcal{U}(\boldsymbol{x})$ は次を満たす．

$(\mathcal{U}1)$ $U \in \mathcal{U}(\boldsymbol{x}) \Longrightarrow \boldsymbol{x} \in U$

$(\mathcal{U}2)$ $U_1 \in \mathcal{U}(\boldsymbol{x}), U_2 \in \mathcal{U}(\boldsymbol{x}) \Longrightarrow U_1 \cap U_2 \in \mathcal{U}(\boldsymbol{x})$

$(\mathcal{U}3)$ $U_1 \in \mathcal{U}(\boldsymbol{x}), U_1 \subset U_2 \Longrightarrow U_2 \in \mathcal{U}(\boldsymbol{x})$

$(\mathcal{U}4)$ $U \in \mathcal{U}(\boldsymbol{x})$ に対して，ある $V \in \mathcal{U}(\boldsymbol{x})$ が存在して，
　　　　　任意の $\boldsymbol{y} \in V$ に対して $U \in \mathcal{U}(\boldsymbol{y})$ を満たす．

---

122 第 7 章 位相空間

[証明]

($\mathcal{U}1$) 定義から明らか.

($\mathcal{U}2$) $U_i \in \mathcal{U}(x)$ であるから,ある $O_i \in \mathcal{O}$ が存在して $x \in O_i \subset U_i$ を満たす ($i = 1, 2$). したがって,$x \in O_1 \cap O_2 \subset U_1 \cap U_2$ で,しかも $O_1 \cap O_2 \in \mathcal{O}$ であるから,$U_1 \cap U_2 \in \mathcal{U}(x)$ である.

($\mathcal{U}3$) $U_1 \in \mathcal{U}(x)$ であるから,ある $O_1 \in \mathcal{O}$ が存在して $x \in O_1 \subset U_1$ を満たす. したがって,$x \in O_1 \subset U_1 \subset U_2$ となるから $U_2 \in \mathcal{U}(x)$ である.

($\mathcal{U}4$) $U \in \mathcal{U}(x)$ であるから,ある $O \in \mathcal{O}$ が存在して $x \in O \subset U$ を満たす. そこで,$V = O$ とすればよい. □

【($\mathcal{U}4$) の意味】

x の近傍 U とは,x のまわりのすべての点の集合である.x のまわりをすべての埋め尽くしているということもできるだろう.したがって,x の近くの点 y のまわりの点も含んでいるはずである.($\mathcal{U}4$) はこのことを明文化したものといえる.V は x の近くの点 y の動きうる範囲である.

7.1.6 基本近傍系

定義 7.7 基本近傍系

X を位相空間として,$x \in X$ とする.$\mathcal{U}'(x) \subset \mathcal{U}(x)$ とする.任意の $V \in \mathcal{U}(x)$ に対して,ある $U \in \mathcal{U}'(x)$ が存在して $x \in U \subset V$ を満たすとき,$\mathcal{U}'(x)$ を x の**基本近傍系** (fundamental system of neighborhoods) という.

【例 7.9】 $\mathbb{R}^2$ の基本近傍系

$(\mathbb{R}^2, d_2)$ において,d_2 から誘導された位相空間を $(\mathbb{R}^2, \mathcal{O}_2)$ とする [2]. $x \in \mathbb{R}^2$ を中心とする 1 辺の長さ $r > 0$ の開正方形は x の基本近傍系にな

---

[2] 今後,位相空間 $(X, \mathcal{O})$ の具体例として距離空間 (X, d) を用いるときは,位相 $\mathcal{O}$ を距離 d から誘導されたものとして扱う.

る. 実際, U を $\boldsymbol{x}$ の近傍とすると, r を十分小さくとれば, ある $B\left(\boldsymbol{x}; \dfrac{r}{\sqrt{2}}\right)$ が存在して $\boldsymbol{x} \in B\left(\boldsymbol{x}; \dfrac{r}{\sqrt{2}}\right) \subset U$ を満たす.

ところで, $\boldsymbol{x} \in X$ を中心とする 1 辺の長さ $r > 0$ の開正方形は $B\left(\boldsymbol{x}; \dfrac{r}{\sqrt{2}}\right)$ に含まれるから, $\boldsymbol{x}$ の基本近傍系である.

| 問 7.6 | $\boldsymbol{x} = (x_1, x_2), \boldsymbol{y} = (y_1, y_2) \in \mathbb{R}^2$ として, マンハッタン距離 d_1 (例 6.2), ユークリッド距離 d_2 (定義 6.2), チェビシェフ距離 $d_{\mathcal{L}}$ (85 ページ) を考える.

$$d_1(\boldsymbol{x}, \boldsymbol{y}) = |x_1 - y_1| + |x_2 - y_2| \tag{7.5}$$

$$d_2(\boldsymbol{x}, \boldsymbol{y}) = \sqrt{|x_1 - y_1|^2 + |x_2 - y_2|^2} \tag{7.6}$$

$$d_{\mathcal{L}}(\boldsymbol{x}, \boldsymbol{y}) = \max\{|x_1 - y_1|, |x_2 - y_2|\} \tag{7.7}$$

$d_1, d_2, d_{\mathcal{L}}$ から誘導された位相をそれぞれ $\mathcal{O}_1, \mathcal{O}_2, \mathcal{O}_{\mathcal{L}}$ とおく. つまり, 位相空間 $(\mathbb{R}^2, \mathcal{O}_1), (\mathbb{R}^2, \mathcal{O}_2), (\mathbb{R}^2, \mathcal{O}_{\mathcal{L}})$ を考える. $\boldsymbol{z} \in \mathbb{R}^2$ とし,

$$B_1(\boldsymbol{z}; \varepsilon) = \{\boldsymbol{z}' \in \mathbb{R}^2 \mid d_1(\boldsymbol{z}, \boldsymbol{z}') < \varepsilon\} \tag{7.8}$$

$$B_2(\boldsymbol{z}; \varepsilon) = \{\boldsymbol{z}' \in \mathbb{R}^2 \mid d_2(\boldsymbol{z}, \boldsymbol{z}') < \varepsilon\} \tag{7.9}$$

$$B_{\mathcal{L}}(\boldsymbol{z}; \varepsilon) = \{\boldsymbol{z}' \in \mathbb{R}^2 \mid d_{\mathcal{L}}(\boldsymbol{z}, \boldsymbol{z}') < \varepsilon\} \tag{7.10}$$

とする. このとき, $\mathcal{U}_1(\boldsymbol{z}) = \{B_1(\boldsymbol{z}; \varepsilon) \mid \varepsilon > 0\}$, $\mathcal{U}_2(\boldsymbol{z}) = \{B_2(\boldsymbol{z}; \varepsilon) \mid \varepsilon > 0\}$, $\mathcal{U}_{\mathcal{L}}(\boldsymbol{z}) = \{B_{\mathcal{L}}(\boldsymbol{z}; \varepsilon) \mid \varepsilon > 0\}$ は基本近傍系であることを示せ.

定義 7.8　第 1 可算公理

X を位相空間とする. 各点 $\boldsymbol{x} \in X$ に対して, たかだか可算個の要素からなる基本近傍系が存在するとき, X は**第 1 可算公理** (first axiom of

124　第 7 章　位相空間

countability) を満たすという.

【例 7.10】 距離空間

(X, d) を距離空間とする. d から誘導された位相空間 $(X, \mathcal{O})$ は第 1 可算公理を満たす. $\boldsymbol{x} \in X$ を固定して, $\boldsymbol{x}$ の近傍系 $\mathcal{U}(\boldsymbol{x})$ をとる. $\mathcal{U}'(\boldsymbol{x}) = \left\{ B\left(\boldsymbol{x}; \dfrac{1}{m}\right) \middle| m \in \mathbb{Z}^{+} \right\}$ が $\boldsymbol{x}$ の基本近傍系であることを示す. $U \in \mathcal{U}(\boldsymbol{x})$ とすると, ある ε 近傍 $B(\boldsymbol{x}; \varepsilon)$ が存在して $\boldsymbol{x} \in B(\boldsymbol{x}; \varepsilon) \subset U$ を満たす. ところで, $m \in \mathbb{Z}^{+}$ をうまくとると $\dfrac{1}{m} < \varepsilon$ を満たす. このとき, $B\left(\boldsymbol{x}; \dfrac{1}{m}\right) \subset B(\boldsymbol{x}; \varepsilon)$ であるから, $\mathcal{U}'(\boldsymbol{x})$ は $\boldsymbol{x}$ の基本近傍系である.

定理 7.5　第 1 可算公理と第 2 可算公理の関係

$(X, \mathcal{O})$ を位相空間として, $x \in X$ とする. X が第 2 可算公理を満たすならば, 第 1 可算公理を満たす.

[証 明]

$$X \text{ が第 2 可算公理を満たす} \underset{\mathrm{def}}{\Longleftrightarrow} \left\{ \begin{array}{l} \text{たかだか可算個の元からなる} \\ \text{基底 } \mathcal{O}' \subset \mathcal{O} \text{ をもつ} \end{array} \right.$$

であった (定義7.5). $\boldsymbol{x} \in X$ を固定し, $\mathcal{U}'(\boldsymbol{x}) = \{O \in \mathcal{O}' \mid \boldsymbol{x} \in O\}$ とおく. $\boldsymbol{x}$ を含む開集合は $\boldsymbol{x}$ の近傍だから, $O \in \mathcal{U}(\boldsymbol{x})$ である. よって, $\mathcal{U}'(\boldsymbol{x}) \subset \mathcal{U}(\boldsymbol{x})$. また, $\mathcal{O}'$ の元が可算個であるから, $\mathcal{U}'(\boldsymbol{x})$ の元も可算個である.

ここで, $\mathcal{U}'(\boldsymbol{x})$ が $\boldsymbol{x}$ の基本近傍系であることを示す. $V \in \mathcal{U}(\boldsymbol{x})$ をとり, $\boldsymbol{x} \in V$ とする. V は $\boldsymbol{x}$ の近傍だから定義 7.6 より, ある開集合 O が存在して $\boldsymbol{x} \in O \subset V$ を満たす. $\mathcal{O}' \subset \mathcal{O}$ が基底ならば定理 7.1 より, ある開集合 O' が存在して $\boldsymbol{x} \in O' \subset O, O' \in \mathcal{O}'$ を満たす. このとき, $O' \in \mathcal{U}'(\boldsymbol{x})$ である.

以上から, $\boldsymbol{x} \in O' \subset V, O' \in \mathcal{U}'(\boldsymbol{x})$ であるから, $\mathcal{U}'(\boldsymbol{x})$ は $\boldsymbol{x}$ の基本近傍系である. つまり, 各点 $\boldsymbol{x}$ に対して, 可算個の基本近傍系 $\mathcal{U}'(\boldsymbol{x})$ が存在するから, X は第 1 可算公理を満たす. 　□

なお, 基本近傍系を考える理由については「8.1.1 項 近傍と連続」の末で述

べる.

7.1.7 閉集合系と近傍系による位相

定義 7.1 で,「$\mathcal{O}$ は X の 1 つの位相」としたが,正確には $\mathcal{O}$, $\mathcal{F}$, $\mathcal{U}(\boldsymbol{x})$ のどれを位相の定義にしてもよい.

定理 7.6　位相であることの必要十分条件

位相空間においては,

      (1) 開集合系 $\mathcal{O}$ を与える　　(2) 閉集合系 $\mathcal{F}$ を与える
      (3) 近傍系 $\mathcal{U}(\boldsymbol{x})$ を与える

が同値である.

[証明]

<u>(1) $\Longleftrightarrow$ (2)</u>　$O \in \mathcal{O} \Longleftrightarrow O^c \in \mathcal{F}$ であり,$\mathcal{O}$ が定義 7.1 の (O1) 〜 (O3) を満たすことと,$\mathcal{F}$ が (F1) 〜 (F3) を満たすことは,定理 7.2 より同値である.
<u>(1) $\Longleftrightarrow$ (3)</u>　定理 7.3 より直ちに従う.　　　　　　　　　　　　　□

7.2　部分位相空間

部分位相空間とは,位相空間の部分集合に対して,その位相空間から由来する自然な位相を与えたものである.

定義 7.9　部分位相空間

$(X, \mathcal{O})$ を位相空間とする.$A \subset X$ に対して,

$$\mathcal{O}_A \underset{\text{def}}{=} \{O \cap A \mid O \in \mathcal{O}\} \tag{7.11}$$

とする.このとき,$(A, \mathcal{O}_A)$ を X の**部分位相空間** (topological subspace) といい,$\mathcal{O}_A$ を A の $\mathcal{O}$ に対する**相対位相** (relative topology) という.

【例 7.11】 $\mathbb{R}^2$ の部分位相空間

$X = \mathbb{R}^2, A = \{(x, y) \mid y \geqq 0\}$ とする.

- O_1 は A の開集合ではないが (そもそも $O_1 \not\subset A$), X の開集合である.
- O_2 は A の開集合であり, X の開集合でもある.
- $O_3 \cap A$ は A の開集合ではあるが, X の開集合ではない.

一般に部分空間の開集合が, 全体空間の開集合になるとは限らない.

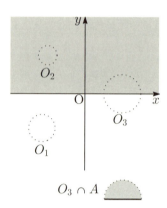

問 7.7 定義 7.9 の $\mathcal{O}_A$ が定義 7.1 の $(\mathcal{O}1) \sim (\mathcal{O}3)$ を満たすことを示せ.

【例 7.12】 複素数全体の集合 $\mathbb{C}$ の部分位相空間としての $\mathbb{R}$

複素数全体の集合を $\mathbb{C}$ とかく.

$$d: \mathbb{C} \times \mathbb{C} \to [0, \infty): (z_1, z_2) \mapsto |z_1 - z_2| \underset{\text{def}}{=} \sqrt{(z_1 - z_2)\overline{(z_1 - z_2)}} \tag{7.12}$$

と定義する. $|z|$ を z の絶対値とよぶ. $\bar{z}$ は z の共役複素数である. このとき, d は $\mathbb{C}$ 上の距離を与える. 通常 $\mathbb{C}$ には d から誘導された位相が入っているとする. $\mathbb{R}$ の絶対値は, $\mathbb{C}$ の絶対値の $\mathbb{R}$ への制限になっているから (読者はこれを確認してほしい), $\mathbb{R}$ は $\mathbb{C}$ の部分位相空間である.

問 7.8 $(X, \mathcal{O})$ を位相空間として, $A \subset X$ を X の部分位相空間 $(A, \mathcal{O}_A)$ とする. このとき, 次が成り立つことを示せ.

F_1 が A の閉集合 $\iff$ X の閉集合 F が存在して, $F_1 = F \cap A$ を満たす.

7.3 ハウスドルフ空間

位相空間論を学ぶ場合，重要な概念の一つとされているのがハウスドルフ空間である．なぜ（どこが）重要なのであろうか．代表的な理由の一つは，ハウスドルフ空間では点列の極限がただ一つに定まることである（距離空間の点列の極限の一意性は，定理 6.2 で示した）．

定義 7.10 ハウスドルフ空間

$(X, \mathcal{O})$ を位相空間として，$x, y \in X$ とする．

$$(H) \begin{cases} x \neq y \text{ に対し，ある } x \in U \in \mathcal{O}, y \in V \in \mathcal{O} \\ \text{が存在して，} U \cap V = \emptyset \text{ とできる} \end{cases}$$

とき，X を**ハウスドルフ空間** (Hausdorff space) という．

【例 7.13】 ハウスドルフ空間の部分位相空間

$(X, \mathcal{O})$ がハウスドルフ空間として，$A \subset X$ とする．このとき，A もハウスドルフ空間である．$x, y \in A, x \neq y$ とする．X はハウスドルフ空間であるから，ある開集合 U, V が存在して，$x \in U$, $y \in V$ かつ $U \cap V = \emptyset$ を満たす．

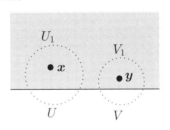

いま，$U_1 = U \cap A, V_1 = V \cap A$ とする．このとき，$x \in U_1 = U \cap A$, $y \in V_1 = V \cap A$ であり，$\mathcal{O}_A$ の定義より，U_1, V_1 は A の開集合である．しかも，$U \cap V = \emptyset$ だから $U_1 \cap V_1 = \emptyset$ である．以上より，A はハウスドルフ空間の部分位相空間である． □

【例 7.14】 密着位相空間

$(X, \mathcal{O})$ が密着位相空間であるとき，X はハウスドルフ空間ではない．なぜなら，$x, y \in X\, (x \neq y)$ に対して，$\mathcal{O} = \{X, \emptyset\}$ であるから，x, y を含む開集合は X のみであり，x, y を分離する開集合は存在しないからである．

128   第 7 章　位相空間

問 7.9　　2 点以上からなる密着空間はハウスドルフ空間でないことを示せ.

　ハウスドルフ空間の定義を端的に述べれば, 相異なる 2 点を分離する開集合
が存在するということであるが, これが極限の一意性にどのように効いている
のだろうか. まず, 一般的な位相空間における点列の収束を定義する. この定
義に距離のような定量的な尺度が使われていないことに注意してほしい.

定義 7.11　位相空間における点列の収束

　位相空間 $(X, \mathcal{O})$ において, 点列 $\{x_n\}$ が $x \in X$ に**収束する** (converge)
とは, 次が成り立つことをいう. x を $\{x_n\}$ の**極限点** (limiting point) と
よぶ.

$$\text{任意の } O \in \mathcal{O}(x \in O) \text{ に対して, ある番号 } n_0 \text{ が存在して,} \tag{7.13}$$
$$n > n_0 \Longrightarrow x_n \in O \text{ を満たす.}$$

【例 7.15】密着位相空間における点列の収束

　$(X, \mathcal{O})$ が密着位相空間であるとき, X のすべての点は, 点列の極限点に
なる. なぜなら, $\mathcal{O} = \{\varnothing, X\}$ から, $\{x_n\}$ を含む開集合は X のみだから
である.

定理 7.7　極限の一意性

　$(X, \mathcal{O})$ をハウスドルフ空間とする. X における点列 $\{x_n\}$ が極限点をも
つとすれば, ただ一つである.

　証明の考え方は定理 6.2 と同じであるが, ハウスドルフ空間であることを用
いた部分を明示するため, 以下に記す.

［証　明］

　$\{x_n\}$ が相異なる 2 点 x, y に収束すると仮定する.

　$\lim_{n \to \infty} x_n = x$ だから, x を含む任意の開集合 $x \in O_1 \in \mathcal{O}$ に対し, ある番号
n_1 が存在して, $n > n_1$ のとき $x_n \in O_1$ を満たす.

次に，$\lim_{n \to \infty} \boldsymbol{x}_n = \boldsymbol{y}$ だから，$\boldsymbol{y}$ を含む任意の開集合 $\boldsymbol{y} \in O_2 \in \mathcal{O}$ に対し，ある番号 n_2 が存在して，$n > n_2$ のとき $\boldsymbol{x}_n \in O_2$ を満たす．

ここで，$n_0 = \max\{n_1, n_2\}$ とすると，$n > n_0$ であるすべての $\boldsymbol{x}_n$ について $\boldsymbol{x}_n \in O_1 \cap O_2$ が成り立つ．すなわち $O_1 \cap O_2 \neq \varnothing$ である．これは，X がハウスドルフ空間であること，つまり $O_1 \cap O_2 = \varnothing$ を満たす $\boldsymbol{x} \in O_1 \in \mathcal{O}, \boldsymbol{y} \in O_2 \in \mathcal{O}$ が存在することに反する． $\square$

【例 7.16】 離散位相空間における点列の収束

$(X, \mathcal{O})$ が離散位相空間であるとき，X において収束する点列は（実質的には）定点列のみである．なぜなら，$\mathcal{O} = \mathscr{P}(X)$ であるから，X のすべての部分集合が開集合であり，$\{\boldsymbol{x}_n\}$ において，ある点より先が定点でなければ収束できないからである．

命題 7.3　ハウスドルフ空間であることの必要十分条件

$(X, \mathcal{O})$ を位相空間として，$\boldsymbol{x}, \boldsymbol{y} \in X$ とする．このとき

$$(H) \Longleftrightarrow (H') \begin{cases} \boldsymbol{x} \neq \boldsymbol{y} \text{ に対し，ある } U \in \mathcal{U}(\boldsymbol{x}), V \in \mathcal{U}(\boldsymbol{y}) \\ \text{が存在して，} U \cap V = \varnothing \text{とできる} \end{cases}$$

[証 明]

($\Longleftarrow$) 近傍の定義から，

$$\text{ある } U' \in \mathcal{O} \text{ が存在して，} \boldsymbol{x} \in U' \subset U \text{ を満たす．}$$
$$\text{ある } V' \in \mathcal{O} \text{ が存在して，} \boldsymbol{y} \in V' \subset V \text{ を満たす．}$$

であるから，$U' \cap V' = \varnothing$ である．

($\Longrightarrow$) $\boldsymbol{x}$ を含む開集合は $\boldsymbol{x}$ の近傍でもあるから，明らか． $\square$

【例 7.17】 距離空間

距離空間はハウスドルフ空間である．距離空間を (X, d) とし，$\boldsymbol{x}, \boldsymbol{y} \in X$，$\boldsymbol{x} \neq \boldsymbol{y}$ とすると $d(\boldsymbol{x}, \boldsymbol{y}) \neq 0$ である．いま，$\varepsilon < \dfrac{1}{2} d(\boldsymbol{x}, \boldsymbol{y})$ として，$U = B(\boldsymbol{x}; \varepsilon), V = B(\boldsymbol{y}; \varepsilon)$ とおくと，$U \in \mathcal{U}(\boldsymbol{x}), V \in \mathcal{U}(\boldsymbol{y})$ かつ $U \cap V = \varnothing$

130　第 7 章　位相空間

であるから, X はハウスドルフ空間である.

7.4　連結空間

連結性とは, 簡単にいえば対象としている空間や図形が 1 つの「塊」からなるのか, それとも 2 つ以上の「塊」からなるのか, ということである. したがって, 定義 7.12 から逆説的にわかるように「空間・集合を分離する開集合が存在しない」ことが, 連結であることの本質である.

7.4.1 | 連結と不連結

まず, 位相空間全体の連結性を定義する.

定義 7.12　連結空間

X を位相空間とする. 次の 3 つの条件を満たす開集合 U, V が存在するとき, X は **連結でない** あるいは **不連結** (disconnected) であるという.

(DC1) $X = U \cup V$
(DC2) $U \cap V = \varnothing$
(DC3) $U \neq \varnothing$ かつ $V \neq \varnothing$

このとき, U, V は X を **分離する** (separated) 開集合とよばれる. X が不連結でないとき, **連結** (connected) であるといい, X を **連結空間** (connected space) とよぶ.

【例 7.18】離散位相空間 $\{0, 1\}$

$X = \{0, 1\}$ に離散位相を入れたとき, X は不連結である. なぜなら, $\{0, 1\}$ の位相は $\{\varnothing, \{0\}, \{1\}, \{0.1\}\}$ であり,

(DC1) $\{0, 1\} = \{0\} \cup \{1\}$
(DC2) $\{0\} \cap \{1\} = \varnothing$
(DC3) $\{0\} \neq \varnothing$ かつ $\{1\} \neq \varnothing$

を満たすからである.

次に,部分集合の連結性を定義する.

> **定義 7.13 連結集合**
>
> X を位相空間として,$A \subset X$ とする.次の3つの条件を満たす開集合 U, V が存在するとき,A は **連結でない** あるいは **不連結** (disconnected) であるという.
>
> (dc1) $A \subset U \cup V$
> (dc2) $(A \cap U) \cap (A \cap V) = \varnothing$
> (dc3) $A \cap U \neq \varnothing$ かつ $A \cap V \neq \varnothing$
>
> このとき,U, V は A を **分離する** (separated) 開集合とよばれる.A が不連結でないとき,**連結** (connected) であるといい,A を **連結集合** (connected set) とよぶ.

【例 7.19】 $\mathbb{R}^2$ の不連結集合

$A = \{(x, y) \mid x^2 - y^2 = 1\} \subset \mathbb{R}^2$ は不連結である.$U = \{(x, y) \in X \mid x > 0\} \neq \varnothing$,$V = \{(x, y) \in X \mid x < 0\} \neq \varnothing$ とすると,U, V は X の開集合で,

(dc1) $A \subset U \cup V$
(dc2) $(A \cap U) \cap (A \cap V) = \varnothing$
(dc3) $A \cap U \neq \varnothing$ かつ $A \cap V \neq \varnothing$

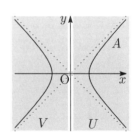

を満たすからである.

グラフは不連結であるが連続な関数が存在する.その例については,例 8.1 で示す.

問 7.10　$X = \{a, b, c\}$ を集合とする.X の部分集合系 $\mathcal{O}_1 =$

132 第 7 章 位相空間

$\{\varnothing, \{a, b\}, \{c\}, X\}$ と $\mathcal{O}_2 = \{\varnothing, \{a\}, \{a, b\}, \{a, c\}, X\}$ を開集合系として, 2 つの異なる位相空間 $(X, \mathcal{O}_1)$ と $(X, \mathcal{O}_2)$ を考える.

(a) $(X, \mathcal{O}_1)$ は不連結であることを示せ.

(b) $(X, \mathcal{O}_2)$ は連結であることを示せ.

定義 7.12 において, 開集合を閉集合に置き換えてもよい. つまり, 次の命題が成り立つ.

命題 7.4　閉集合による不連結の表現

X を不連結な位相空間とする. このとき, 閉集合 U', V' が存在して次が成り立つ.

$$X \text{ は不連結} \Longleftrightarrow \begin{cases} (\text{DC1})' & X = U' \cup V' \\ (\text{DC2})' & U' \cap V' = \varnothing \\ (\text{DC3})' & U' \neq \varnothing \text{ かつ } V' \neq \varnothing \end{cases}$$

［証 明］

($\Longrightarrow$) X の開集合 U, V が存在して, $X = U \cup V, U \cap V = \varnothing, U \neq \varnothing$ かつ $V \neq \varnothing$ を満たすとする. このとき, $X^c = (U \cup V)^c, (U \cap V)^c = \varnothing^c, U^c \neq \varnothing^c$ かつ $V^c \neq \varnothing^c$ より, $\varnothing = U^c \cap V^c, U^c \cup V^c = X, U^c \neq X$ かつ $V^c \neq X$ が成り立つ. $U' = U^c, V' = V^c$ とおくと, U', V' はそれぞれ X の閉集合であり,

(DC1)$'$ $X = U' \cup V'$

(DC2)$'$ $U' \cap V' = \varnothing$

(DC3)$'$ $U' \neq \varnothing$ かつ $V' \neq \varnothing$

を満たす. (DC3)$'$ については, もし $U' = \varnothing$ とすると (DC1)$'$ から $X = V'$ となり矛盾するからである. $V' = \varnothing$ のときも同様である.

($\Longleftarrow$) 逆に, 閉集合 U', V' が存在して (DC1)$'$～(DC3)$'$ を満たすとき, X が不連結であることは上と同様にしてわかる. ∎

7.4.2 | 連結集合の性質

定理 7.8　連結集合の性質

$(X, \mathcal{O})$ を位相空間とし，$\{A_\lambda\}_{\lambda \in \Lambda}$ を X の部分集合族とする．任意の $\lambda \in \Lambda$ に対して，$A_\lambda \subset X$ は X の連結集合とする．このとき

$$任意の \lambda, \mu \in \Lambda に対して，A_\lambda \cap A_\mu \neq \varnothing \Longrightarrow A = \bigcup_{\lambda \in \Lambda} A_\lambda は X の連結集合 \tag{7.14}$$

［証 明］

A は不連結であるとすると，ある $U, V \in \mathcal{O}$ が存在して，

$$\text{(dc1)} \ A \subset (U \cup V)$$
$$\text{(dc2)} \ (A \cap U) \cap (A \cap V) = \varnothing$$
$$\text{(dc3)} \ A \cap U \neq \varnothing \text{かつ} A \cap V \neq \varnothing$$

を満たす．$A \subset (U \cup V)$ だから，ある λ が存在して，

$$\begin{cases} A_\lambda \subset (U \cup V) & (7.15) \\ (A_\lambda \cap U) \cap (A_\lambda \cap V) = A_\lambda \cap (U \cap V) = \varnothing & (7.16) \end{cases}$$

を満たす．A_λ は連結だから，$A_\lambda \cap U = \varnothing$ または $A_\lambda \cap V = \varnothing$ である．いま，$A_\lambda \cap V = \varnothing$ とすると，$A_\lambda \subset U$ が成り立つ．

ここで，任意の μ に対して，A_μ を考える．同様の議論から，$A_\mu \cap U = \varnothing$ または $A_\mu \cap V = \varnothing$ である．つまり，$A_\mu \subset U$ または $A_\mu \subset V$ が成り立つが，$A_\lambda \cap A_\mu \neq \varnothing, A_\lambda \subset U$ であるから，$A_\mu \cap U \neq \varnothing$ となる．

よって，$A_\mu \cap V = \varnothing$ である．したがって，$A_\mu \subset U$ が成り立つ．以上から，任意の $\mu \in \Lambda$ に対して，$A_\mu \subset U$ である．よって，$A = \bigcup_{\lambda \in \Lambda} A_\lambda \subset U$ となるから，$A \cap V = \varnothing$ となり，矛盾．よって，A は連結である．　□

定理 7.9　連結性の閉包による特徴付け

$(X, \mathcal{O})$ を位相空間として，$A \subset X$ を連結集合とする．このとき，

134 第 7 章 位相空間

$A \subset B \subset A^a$ となる任意の B は連結集合である.

[証 明]

B が連結集合でないとすると, $U, V \in \mathcal{O}, U \neq \varnothing, V \neq \varnothing$ が存在して,
$\begin{cases} B \subset (U \cup V) \\ (B \cap U) \cap (B \cap V) = \varnothing \end{cases}$ を満たす. このとき, $\begin{cases} A \subset B \subset (U \cup V) \\ (A \cap U) \cap (A \cap V) = \varnothing \end{cases}$
だが, A は連結であるから, $A \cap U = \varnothing$ または $A \cap V = \varnothing$ となる. いま,
$A \cap U = \varnothing$ とすると, $A \subset U^c$ であるから, $A \subset B \subset A^a \subset U^c$ を満たす.

ここで, $A^a \subset U^c$ が成り立つことについて詳しく見ておこう. まず, $A \subset U^c$
に対して命題 7.2(6) から, $A^a \subset (U^c)^a$ が成り立つ. 次に命題 7.2(9) から,
$(U^c)^a = (U^\circ)^c$ である. $U \in \mathcal{O}$ だから, 命題 7.2(3) より $U^\circ = U$ が成り立つ
から $A^a \subset (U^c)^a = (U^\circ)^c = U^c$ である. よって, $B \cap U = \varnothing$ となり, 条件に
反する. $A \cap V = \varnothing$ のときも同様である ($A \cap U = \varnothing$ としても一般性を失わ
ない). 以上から, B は連結集合である. □

| 問 7.11 | X を位相空間とする. X 上の 2 項関係 $\bowtie$ を, $x, y \in X$ に対して, X の連結集合 A が存在して, $x \in A, y \in A$ となるときに $x \bowtie y$ と定める. このとき, $\bowtie$ が同値関係になっていることを示せ.

7.4.3 距離空間における連結

命題 7.5 1 点集合

X を距離空間とするとき, 1 点集合 $\{x\} \subset X$ は連結である.

[証 明]

X の開集合 U, V が (dc1) $\{x\} \subset U \cup V$ かつ (dc2) $\{x\} \cap U \cap V = \varnothing$ を
満たすとき, (dc3) $\{x\} \cap U \neq \varnothing$ かつ $\{x\} \cap V \neq \varnothing$ を満たさないことをいえ
ばよい. (dc1) より, $x \in U$ または $x \in V$ が成り立つ. 次に (dc2) より, もし
$x \in U$ ならば $x \notin V$, $x \in V$ ならば $x \notin U$ である. したがって, (dc3) を満た
さない. □

問 7.12 $(\mathbb{R}, d_2)$ において，$\{0, 2\} \subset \mathbb{R}$ は不連結であることを示せ．

問 7.13 $(\mathbb{R}, d_2)$ において，$\mathbb{Q} \subset \mathbb{R}$ は不連結であることを示せ．

命題 7.6　$\mathbb{R}$ の連結性

　$X = \mathbb{R}$ は連結空間である．

[証 明]

　$\mathbb{R}$ が連結でないとすると命題 7.4 から，ある閉集合 $U', V' \subset \mathbb{R}$ が存在して，

$$\mathbb{R} = U' \cup V', \quad U' \cap V' = \varnothing, \quad U' \neq \varnothing, \quad V' \neq \varnothing \tag{7.17}$$

を満たす．$u \in U', v \in V'$ をとると，$U' \cap V' = \varnothing$ より，$u \neq v$ であるから，$u < v$ とする．$[u, v] \cap U'$ の上限を w とすると，$w \in ([u, v] \cap U')^a = [u, v] \cap U'$ である．よって，$w \leqq v$ が成り立つ．ところで，$w \in U'$ より $w \notin V'$ であるから $w < v$ である．また，w は $[u, v] \cap U'$ の上限だから $(w, v] \cap A = \varnothing$ である．よって，$(w, v] \subset V'$ となるから，$w \in (w, v]^a \subset (V')^a = V'$ が成り立つ．つまり，$w \in U' \cap V'$ となり，$U' \cap V' = \varnothing$ に反する． $\square$

定理 7.10　区間の連結性

　$\mathbb{R}$ の部分集合を A とする．このとき，

$$A\ \text{が連結集合} \iff A\ \text{が区間} \tag{7.18}$$

[証 明]

($\Longrightarrow$) 背理法で示す．A が区間でないとき，命題 7.6 により，A のある 2 点 a, b に対して，ある点 $c \notin A$ が存在して，$a < c < b$ を満たす．このとき，

$$U = (-\infty, c) \cap A, \quad V = (c, \infty) \cap A \tag{7.19}$$

は A の開集合で，$A = U \cup V, U \cap V = \varnothing, U \neq \varnothing, V \neq \varnothing$ を満たすから，A は連結でない．

136　第 7 章　位相空間

($\Longleftarrow$) 背理法で示す．A が区間であるにもかかわらず連結でないとすると，A を分離する開集合 U, V が存在する．つまり，U, V は (dc1) 〜 (dc3) を満たす．(dc3) から $a_0 \in A \cap U, b_0 \in A \cap V$ が存在する．もし，$a_0 < b_0$ とすると，$c_0 = \dfrac{a_0 + b_0}{2} \in A$ が成り立つ．(dc1) より，$c_0 \in U$ か $c_0 \in V$ である．$c_0 \in U$ のとき，$a_1 = c_0, b_1 = b_0$ とし，$c_0 \in V$ のとき，$a_1 = a_0, b_1 = c_0$ とする．どちらの場合も $a_1 \in U \cap A, b_1 \in V \cap A$ である．$c_1 = \dfrac{a_1 + b_1}{2} \in A$ とすると $c_1 \in U$ または $c_1 \in V$ が成り立つ．$c_1 \in U$ のとき，$a_2 = c_1, b_2 = b_1$ とし，$c_1 \in V$ のとき，$a_2 = a_1, b_2 = c_1$ とする．

これを繰り返すと縮小する閉区間の列 $A_i = [a_i, b_i], i \in \mathbb{Z}^+$ が得られる．よって，命題 6.8 でも議論したように $d \in \bigcap_{i \in \mathbb{Z}^+} A_i$ となる d が存在する．$d \in [a_1, b_1] \subset A$ であるから $d \in U$ または $d \in V$ が成り立つ．

$d \in U$ とすると，U は開集合だからある δ が存在して $(d - \delta, d + \delta) \subset U$ を満たす．区間 A_i の長さは，$|A_i| = b_i - a_i = \left(\dfrac{1}{2}\right)^i (b_0 - a_0)$ である．よって，十分大きな n_0 をとれば $|A_{n_0}| < \delta$ となる．$d \in A_{n_0}$ だから $A_{n_0} = [a_{n_0}, b_{n_0}] \subset (d - \delta, d + \delta) \subset U$ である．b_{n_0} の決め方から $b_{n_0} \in V$ であったから，これは (dc2) に反する．

$d \in V$ のときも同様に矛盾が導かれる．以上から，区間は連結である．　□

定理 7.10 の ($\Longleftarrow$) については，命題 7.6 と同様にして示してもよい．

7.5　コンパクト空間

本節で示す定理 7.15 [ユークリッド空間におけるコンパクト集合 $\Longleftrightarrow$ 有界閉集合] は重要な知見の一つである．定理 7.15 の一般化に対する欲求から位相空間のコンパクト性が定義されたといってよい．以下では，X をハウスドルフ空間とする（定理や命題において，強調のためにハウスドルフ空間であることを明記している場合がある）．

7.5.1 ｜ 位相空間の被覆

被覆とは，位相空間 X 全体を覆うことができる X の部分集合の族のことで

ある．これらの部分集合は重なっていてもよいが，X 全体をすき間なく覆うことが要求される．これを厳密に述べると次のようになる．

定義 7.14　被覆

X を位相空間とする．$E_\lambda \subset X\,(\lambda \in \Lambda)$ を用いて

$$X = \bigcup_{\lambda \in \Lambda} E_\lambda \tag{7.20}$$

とかけるとき，$\{E_\lambda\}_{\lambda \in \Lambda}$ を X の**被覆** (covering) という．特に，Λ が有限集合であるときは**有限被覆** (finite covering) といい，各 $\{E_\lambda\}$ が X の開（閉）集合であるときは，**開（閉）被覆** (open (closed) covering) という．また，$\mathrm{M} \subset \Lambda$ であり，$\{E_\mu\}_{\mu \in \mathrm{M}}$ も X の被覆となっているとき，$\{E_\mu\}_{\mu \in \mathrm{M}}$ を $\{E_\lambda\}_{\lambda \in \Lambda}$ の**部分被覆** (partial covering) という．

定義 7.15　有限交叉性

X を位相空間とし，$\{E_\lambda\}_{\lambda \in \Lambda} \subset X$ を被覆とする．

$$\text{有限個の任意の } E_{\lambda_1}, E_{\lambda_2}, \ldots, E_{\lambda_n} \text{ に対して，} \bigcap_{i=1}^{n} E_{\lambda_i} \neq \varnothing \tag{7.21}$$

のとき，$\{E_\lambda\}_{\lambda \in \Lambda}$ は**有限交叉性**[3](finite intersection property) をもつという．

有限交叉性とは，被覆の中から任意に有限の元（= 部分集合）を選んでも，必ずそれらは共通な点をもつということである．これが，次に述べるコンパクト空間の定義 7.16 と同値な条件を与えてくれることになる（定理 7.11）．

7.5.2　コンパクト空間

位相空間の被覆は，一般に無限の元（= 部分集合）から構成される．X の任

---

[3]　「有限交差性」とかくこともあるが，本書では数学辞典第 4 版（岩波書店）に従った．

138　第 7 章　位相空間

意の（無限）被覆から有限個の元を選んで X 全体を覆うことができるならば，X はある種の有限性をもっていると考えられる．このとき，X をコンパクトとよぶことにしている．

定義 7.16　コンパクト空間・ハイネ-ボレルの性質

X を位相空間とする．

$$(C) \begin{cases} X \text{ の任意の開被覆 } \{O_\lambda\}_{\lambda \in \Lambda} \text{ に対して，ある有限部分被覆} \\ \{O_{\lambda_i}\}_{\lambda_i \in \Lambda, 1 \leqq i \leqq n} \text{ が存在して，} X = \bigcup_{i=1}^n O_{\lambda_i} \text{ とかける} \end{cases}$$

とき，X は**コンパクト空間** (compact space)，あるいは単に**コンパクト** (compact) であるという．(C) を**ハイネ-ボレルの性質** (Heine-Borel property) という．

【**例 7.20**】1 点集合

　X を位相空間とし，$x \in X$ とする．$\{x\} \subset X$ はコンパクトである．

【**例 7.21**】1 次元ユークリッド空間 $\mathbb{R}$

　$X = \mathbb{R}$ はコンパクトではない．実際，$O_n = (n-1, n+1)$ とおくと，O_n は開集合である．このとき，$X = \bigcup_{n=-\infty}^{\infty} O_n$ となるから，$\{O_n\}_{n \in \mathbb{Z}}$ は開被覆であるが，有限部分被覆は作れない．

位相空間がコンパクトであることと有限交叉性をもつことには，次のような関連がある．

定理 7.11　コンパクトであることの必要十分条件

X を位相空間とする．このとき

$$X \text{ がコンパクト} \iff (C') \begin{cases} X \text{ の有限交叉性をもつ任意の閉集合族} \\ \{F_\lambda\}_{\lambda \in \Lambda} \text{ は } \bigcap_{\lambda \in \Lambda} F_\lambda \neq \varnothing \text{ をみたす} \end{cases}$$

[証 明]

$\{O_\lambda\}_{\lambda\in\Lambda}$ を X の開集合族として，$F_\lambda = O_\lambda{}^c$ とおく．F_λ は X の閉集合である．このとき，$X = \bigcup_{\lambda\in\Lambda} O_\lambda \Longleftrightarrow \bigcap_{\lambda\in\Lambda} F_\lambda = \varnothing$ だから，

$$O_{\lambda_1}, O_{\lambda_2}, \ldots, O_{\lambda_n} \text{ が存在して，} X = \bigcup_{i=1}^{n} O_{\lambda_i} \text{を満たす} \tag{7.22}$$

$$\Longleftrightarrow F_{\lambda_1}, F_{\lambda_2}, \ldots, F_{\lambda_n} \text{ が存在して，} \bigcap_{i=1}^{n} F_{\lambda_i} = \varnothing \text{を満たす．} \tag{7.23}$$

($\Longrightarrow$) X をコンパクトとする．すなわち，

(C) $\begin{cases} X \text{ の任意の開被覆} \{O_\lambda\}_{\lambda\in\Lambda} \text{ に対して，ある有限部分被覆} \\ \{O_{\lambda_i}\}_{1\leqq i\leqq n} \text{ が存在して，} X = \bigcup_{i=1}^{n} O_{\lambda_i} \text{とかける} \end{cases}$

とする．これを上の F_λ を使ってかき直すと

(C) $\begin{cases} X \text{ の任意の閉被覆} \{F_\lambda\}_{\lambda\in\Lambda} \text{ が} \bigcap_{\lambda\in\Lambda} F_\lambda = \varnothing \text{を満たすとき，} \\ \text{ある有限部分被覆} \{F_{\lambda_i}\}_{1\leqq i\leqq n} \text{ が存在して} \bigcap_{i=1}^{n} F_{\lambda_i} = \varnothing \text{とかける} \end{cases}$

これは (C$'$) の対偶である．

($\Longleftarrow$) 同様にしてできる． ☐

定義 7.17　部分集合のコンパクト性

X を位相空間とし，$A \subset X$ とする．A が部分集合としてコンパクトであるとき，A は**コンパクト** (compact) であるといい，A を**コンパクト集合** (compact set) とよぶ．

$$A \text{ がコンパクト} \underset{\text{def}}{\Longleftrightarrow} \begin{cases} A \subset \bigcup_{\lambda\in\Lambda} O_\lambda \text{となる任意の開集合族} \{O_\lambda\}_{\lambda\in\Lambda} \\ \text{に対して，ある有限部分族} \{O_{\lambda_i}\}_{1\leqq i\leqq n} \\ \text{が存在して } A \subset \bigcup_{i=1}^{n} O_{\lambda_i} \text{とかける} \end{cases}$$
$$\tag{7.24}$$

140　第 7 章　位相空間

【例 7.22】 有限個のコンパクト集合の和集合

X を位相空間とし，$A_1, A_2, \ldots, A_n \subset X$ を有限個のコンパクト集合とする．このとき，$\bigcup_{i=1}^{n} A_i$ もコンパクト集合である．

$n = 2$ のときを示せば十分である．$A_1 \cup A_2 \subset \bigcup_{\lambda \in \Lambda} O_\lambda$ であるとすると，$A_1 \subset \bigcup_{\lambda \in \Lambda} O_\lambda$, $A_2 \subset \bigcup_{\lambda \in \Lambda} O_\lambda$ となるから，$\{O_\lambda\}_{\lambda \in \Lambda}$ は A_1 の開被覆であり，A_2 の開被覆でもある．A_1 はコンパクトであるから，ある有限部分被覆 $\{O_{\lambda_i}\}_{\lambda_i \in \Lambda, 1 \leqq i \leqq n}$ が存在して，$A_1 \subset \bigcup_{i=1}^{n} O_{\lambda_i}$ とかける．A_2 もコンパクトであるから，ある有限部分被覆 $\{O_{\mu_j}\}_{\mu_j \in \Lambda, 1 \leqq j \leqq m}$ が存在して，$A_2 \subset \bigcup_{j=1}^{m} O_{\mu_j}$ とかける．よって，$A_1 \cup A_2 \subset \left(\bigcup_{i=1}^{n} O_{\lambda_i} \right) \cup \left(\bigcup_{j=1}^{m} O_{\mu_j} \right)$ とかけるから，$\{O_{\lambda_i}\} \cup \{O_{\mu_j}\}$ は $A_1 \cup A_2$ の有限の開被覆である．

問 7.14　X を位相空間として，$A \subset X$ を有限集合とする．A はコンパクト集合であることを示せ．

問 7.15　X を位相空間とし，$\{x_n\}$ はある番号 n_0 から先は同じ点をとる X 上の点列であるとする．このとき，$\{x_n\}$ はコンパクトであることを示せ．

7.5.3　閉集合とコンパクト

さきに記したように，コンパクトとはユークリッド空間の有界閉集合に端を発するものであるから，「閉」であることと密接な関係をもつ．

定理 7.12　コンパクト集合の十分性としての閉集合

$(X, \mathcal{O})$ をコンパクト空間として，$A \subset X$ を閉部分集合とする．このとき，A はコンパクト集合である．

[証明]　$A \subset \bigcup_{\lambda \in \Lambda} O_\lambda, O_\lambda \in \mathcal{O}$ とする．これは A の開被覆である．$U = A^c$ とおくと，U は X の開集合である．このとき，$X = U \cup \left(\bigcup_{\lambda \in \Lambda} O_\lambda \right)$ となる

から，$\{U\} \cup \{O_\lambda\}_{\lambda \in \Lambda}$ は X の開被覆である．X はコンパクトであるから，ある $O_{\lambda_1}, O_{\lambda_2}, \ldots, O_{\lambda_n}$ が存在して，$X = U \cup (\bigcup_{i=1}^{n} O_{\lambda_i})$ を満たす．よって，$A \subset \bigcup_{i=1}^{n} O_{\lambda_i}$ となるから，A はコンパクトである． □

定理 7.13　コンパクト集合の必要性としての閉集合

X をハウスドルフ空間として，$A \subset X$ を X のコンパクト集合とする．このとき，A は X の閉集合である．

[証明]

A^c が X の開集合であることを示す．$a \in A^c$ を固定する．X はハウスドルフ空間であるから，$x \in A$ に対して $\begin{cases} U(\boldsymbol{x}) \in \mathcal{U}(\boldsymbol{x}) \\ V_{\boldsymbol{x}}(\boldsymbol{a}) \in \mathcal{U}(\boldsymbol{a}) \end{cases}$ が存在して，$U(\boldsymbol{x}) \cap V_{\boldsymbol{x}}(\boldsymbol{a}) = \varnothing$ を満たす．

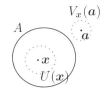

$\{U(\boldsymbol{x})\}_{\boldsymbol{x} \in A}$ を A の開被覆とする．つまり，$A \subset \bigcup_{\boldsymbol{x} \in A} U(\boldsymbol{x})$ とかけるとする．A はコンパクトであるから，ある $U(\boldsymbol{x}_1), U(\boldsymbol{x}_2), \ldots, U(\boldsymbol{x}_n) \in A$ が存在して，$A \subset \bigcup_{i=1}^{n} U(\boldsymbol{x}_i)$ を満たす．

ここで，$V(\boldsymbol{a}) = V_{\boldsymbol{x}_1}(\boldsymbol{a}) \cap V_{\boldsymbol{x}_2}(\boldsymbol{a}) \cap \cdots \cap V_{\boldsymbol{x}_n}(\boldsymbol{a})$ とおくと，$V(\boldsymbol{a}) \in \mathcal{U}(\boldsymbol{a})$ である．さらに

$$\left(\bigcup_{i=1}^{n} U(\boldsymbol{x}_i)\right) \cap V(\boldsymbol{a}) = \varnothing \text{ かつ } A \subset \bigcup_{i=1}^{n} U(\boldsymbol{x}_i) \tag{7.25}$$

であるから，$A \cap V(\boldsymbol{a}) = \varnothing$ である．よって，$\boldsymbol{a} \in V(\boldsymbol{a}) \subset A^c$ であるから，$\boldsymbol{a}$ は A^c の内点である．以上から，A^c は開集合である． □

系 7.1　コンパクト集合と閉集合の関係

X をハウスドルフ空間でかつコンパクト空間であるとして，$A \subset X$ とする．このとき

$$A \text{ が閉集合} \iff A \text{ がコンパクト集合} \tag{7.26}$$

142　第7章　位相空間

[証明]

定理 7.12 と定理 7.13 から直ちに従う.　　　　　　　　　　　　　　　□

問 7.16　X をハウスドルフ空間とし，$A, B \subset X$ をコンパクト集合とする.
このとき，$A \cap B$ もコンパクト集合であることを示せ.

7.5.4 距離空間におけるコンパクト

距離空間におけるコンパクト性は，初等解析学における最大値・最小値の存在定理の証明等に用いられる（系 8.5）. さらに，画像処理，機械学習，情報検索にも活用されるなど応用上重要である.

命題 7.7　コンパクト集合の有界性
距離空間におけるコンパクト集合は有界である.

[証明]

X を距離空間として，A を X のコンパクト集合とする. $\boldsymbol{x}_0 \in A$ を固定する. $O_n = B(\boldsymbol{x}_0; n) \in \mathcal{U}(\boldsymbol{x}_0)$ とすると，$O_1 \subset O_2 \subset \cdots \subset O_n \subset \cdots$ となり，$A \subset \bigcup_{n=1}^{\infty} O_n$ とかけるから $\{O_n\}_{n \in \mathbb{Z}^+}$ は開被覆である. A はコンパクトであるから，ある $B(\boldsymbol{x}_0; m)$ が存在して $A \subset O_m = B(\boldsymbol{x}_0; m)$ を満たす. つまり，任意の $\boldsymbol{x}, \boldsymbol{y} \in A$ に対し，$d(\boldsymbol{x}, \boldsymbol{y}) \leqq 2m$ であるから，A は有界である.　　□

定理 7.14　閉区間のコンパクト性
$\mathbb{R}$ 上の閉区間 $[a, b]$ はコンパクト集合である.

[証明]

$\{O_\lambda\}_{\lambda \in \Lambda}$ を $[a, b]$ の開被覆とし，c を中点とする. $\{O_\lambda\}$ の有限部分開被覆がとれないとすれば，$[a, c], [c, b]$ の少なくとも一方も有限部分開被覆で覆うことができない.

たとえば，それが $[a, c]$ であったとし，あらためて $[a_1, b_1]$ とおく. $\{O_\lambda\}$ を $[a_1, b_1]$ と考え，中点をとり，有限部分開被覆で覆えない方を $[a_2, b_2]$ とする.

7.5 コンパクト空間　143

この操作を繰り返すと閉区間の列

$$[a,b] \supset [a_1,b_1] \supset [a_2,b_2] \supset \cdots \supset [a_n,b_n] \supset \cdots \tag{7.27}$$

を作ることができて，$[a_n,b_n]$ は有限部分開被覆で覆うことができない．

一方，$b_n - a_n = \dfrac{b-a}{2^n}$ であるから，ある実数 α が存在して $\lim\limits_{n\to\infty} a_n = \lim\limits_{n\to\infty} b_n = \alpha$ を満たす．また，α を含む任意の開区間 I に対し，ある n_0 が存在して，$n > n_0$ ならば $I \supset [a_n,b_n]$ を満たす．$\{O_\lambda\}$ は $[a,b]$ の開被覆だから，α を含む O_λ が存在し，α を含む開区間 I で $I \subset O_\lambda$ なるものを考えれば，$O_\lambda \supset [a_n,b_n]$ $(n > n_0)$ である．つまり，$[a_n,b_n]$ は 1 つの被覆で覆うことができるが，これは矛盾である． □

定理 7.15　コンパクト集合であることの必要十分条件

$X = \mathbb{R}^n$ をユークリッド空間として，$A \subset X$ とする．このとき

$$A がコンパクト集合 \iff A は有界閉集合$$

[証明]

（$\Longrightarrow$）A をコンパクトであるとする．$\mathbb{R}^n$ はハウスドルフ空間だから，定理 7.13 より A は閉集合である．また，命題 7.7 より A は有界である．

（$\Longleftarrow$）A を有界閉集合とする．A は有界だから，$\mathbb{R}$ の閉区間 $[a_i,b_i]$ の直積

$$I = [a_1,b_1] \times [a_2,b_2] \times \cdots \times [a_n,b_n] \tag{7.28}$$

に含まれる．もし，I がコンパクトであれば，定理 7.13 から A もコンパクトである（A は I における閉集合である）．したがって，I がコンパクトであることを証明すればよい．

一般の場合も同様だから $n = 2$ のときを考える．I をあらためて $[a_1,b_1] \times [c_1,d_1]$ とおき，このときについて示す．

I がコンパクトでないとする．つまり，$\mathbb{R}^2$ の開集合族 $\{O_\lambda\}$ で $\bigcup_\lambda O_\lambda \supset I$ を満たすものが存在し，どの有限個の $\{O_{\lambda_1}, O_{\lambda_2}, \ldots, O_{\lambda_n}\}$ をとっても I を覆わないとする．

以下，わかりやすさのため，I を正方形として進める．I を 4 等分し，4 つの正方形を作れば，その中の少なくとも 1 つは，$\{O_\lambda\}$ から有限個をとって覆うことができない．それをさらに 4 等分すると，その中に少なくとも 1 つは $\{O_\lambda\}$ 覆うことができないものがある．

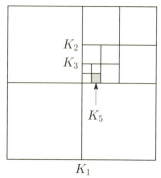

この操作を繰り返すと，正方形の列

$$I = K_1 \supset K_2 \supset K_3 \supset \cdots \supset K_n \supset \cdots \tag{7.29}$$

を作ることができる．$K_i = [a_i, b_i] \times [c_i, d_i]\ (i \in \mathbb{Z}^+)$ とすると，

$$[a_i, b_i] \supset [a_{i+1}, b_{i+1}], \quad [c_i, d_i] \supset [c_{i+1}, d_{i+1}] \tag{7.30}$$

となるから，$\{a_i\}, \{b_i\}, \{c_i\}, \{d_i\}$ は有界単調列である．したがって，各数列は極限値をもつ[4]．それらを a', b', c', d' とおくと，$b_i - a_i = d_i - c_i = \dfrac{b-a}{2^i} \xrightarrow[i \to \infty]{} 0$ より，$a' = b', c' = d'$ である．

$(a', c') \in O_\lambda$ とすると，ある $n_0 \in \mathbb{Z}^+$ が存在して，$n > n_0$ ならば $O_{\lambda_n} \supset K_i$ を満たすが，これは，K_i の作り方に反する． □

━━━━━━━━━━━ 発 展 問 題 ━━━━━━━━━━━

7.1 $X = \{a, b, c\}$ とする．ただし，a, b, c は相異なる点とする．X の開集合系を以下のように与えたとき，$(X, \mathcal{O})$ は位相空間になるか否か答えよ．

 (a) $\mathcal{O} = \{X, \varnothing\}$
 (b) $\mathcal{O} = \{X, \{a, b\}, \varnothing\}$
 (c) $\mathcal{O} = \{X, \{a\}, \{b\}, \varnothing\}$
 (d) $\mathcal{O} = \{X, \{a, b\}, \{b, c\}, \varnothing\}$
 (e) $\mathcal{O} = \{X, \{a, b\}, \{b, c\}, \{b\}, \varnothing\}$

---

[4] $\mathbb{R}$ 上の有界単調列は収束することが知られている．初等解析学の標準的な教科書には掲載されているので，証明はそれらを参照してほしい．

(f) $\mathcal{O} = \{X, \{a, b\}, \{b, c\}, \{c, a\}, \{a\}, \{b\}, \{c\}, \varnothing\}$

7.2 $X \neq \varnothing$ を集合として，2 つの部分集合系 $\mathcal{B}_1$ と $\mathcal{B}_2$ が与えられているとする．さらに，$\mathcal{B}_1$ と $\mathcal{B}_2$ はそれぞれ位相空間の定義における 3 条件 $(\mathcal{O}1), (\mathcal{O}2), (\mathcal{O}3)$ を満たすとする．このとき，$\mathcal{B} = \mathcal{B}_1 \cap \mathcal{B}_2 \underset{\text{def}}{=} \{B_\lambda \cap B_\mu \mid B_\lambda \in \mathcal{B}_1, B_\mu \in \mathcal{B}_2\}$ とすると，$\mathcal{B}$ も位相となることを示せ．

7.3 $(X, \mathcal{O})$ を位相空間として，$B \subset A \subset X$ とする．また，$(A, \mathcal{O}_A)$ を X の部分位相空間とする．このとき，次式を示せ．

$$\begin{cases} B^a : B \text{ の } X \text{ における閉包} \\ B_A{}^a : B \text{ の } A \text{ における閉包} \end{cases} \implies B_A{}^a = (B^a \cap A) \qquad (7.31)$$

7.4 X を位相空間とする．このとき，次式を示せ．

$$X \text{ がハウスドルフ空間} \iff \text{任意の } \boldsymbol{x} \in X \text{ に対して，} \bigcap_{U \in \mathcal{U}(\boldsymbol{x})} U^a = \{\boldsymbol{x}\} \quad (7.32)$$

7.5 X を位相空間とし，A, B を X の連結集合とする．このとき，次式を示せ．

$$A^a \cap B \neq \varnothing \implies A \cup B \text{ は連結集合} \qquad (7.33)$$

7.6 $\mathbb{R}$ をユークリッド空間とするとき，次の集合はコンパクトか否か答えよ．

$$A = \{1, 2, 3, \dots\}, \quad B = [a, b), \quad C = \left\{1, -\frac{1}{2}, \frac{1}{3}, -\frac{1}{4}, \frac{1}{5}, \dots\right\}$$

第 8 章
連続写像

　連続写像は位相同型なる概念を生み出す道具である．これは，「柔らかい幾何学」ともよばれ，1.2.2 項で示したように円と四角形，コーヒーカップとドーナツを同じ図形と見なす幾何学への入り口を与えるものである[1]．さらに，連結性とコンパクト性が連続写像で「遺伝」[2] することを示す．連続写像でなければ「遺伝」は起こらない．

8.1　連続写像

8.1.1 | 近傍と連続

　6.5.1 項と 6.5.2 項でそれぞれ数列と点列の収束を定義した．このときは距離という定量的な尺度で「近さ」を測ることができた．初等解析学では連続写像（関数）を，実数 ε や δ を用いて，入力 (δ) がほんの少ししか変化しないなら，出力 (ε) もほんのわずかであることを定式化して定義する（後述の式 (8.3) 参照）．しかし，もはや距離は与えられておらず，われわれの手許にあるのは開集合系（閉集合系・近傍系）のみである．第 8 章では，定量的な尺度を用いないで写像の連続性を定義する．

> **定義 8.1　連続**
>
> 　X, Y を位相空間として，f を X から Y への写像とする．$a \in X$ とする．$f(a)$ の任意の近傍 V に対し，$f(U) \subset V$ となる a の近傍 U が存在

---

[1] 図形は粘土やゴムでできているとして，2 つの図形が「連続的な変化」でうつり合うとき，同じ図形と見なすのである．数学の分野としては位相幾何学とよばれる．

[2] 連続写像によって数学的性質が保存されることをここでは「遺伝」とかいた．

するとき，f は a で**連続** (continuous) であるという．

$(X,d),(Y,d')$ を距離空間として，$f\colon X \to Y$ を X から Y への写像とする．このとき，連続写像の定義は次のようにいい換えることができる．

$$f\text{ が }a\text{ で連続} \iff \begin{cases} 任意の\varepsilon>0\text{ に対して，}a\text{ のある}\delta\text{近傍 }B(a;\delta) \\ \text{が存在して，}f(B(a;\delta))\subset B(f(a);\varepsilon)\text{ を満たす} \end{cases} \quad (8.1)$$

$$\iff \begin{cases} 任意の\varepsilon>0\text{ に対して，ある}\delta>0\text{ が存在して，} \\ d(x,a)<\delta\text{ ならば }d'(f(x),f(a))<\varepsilon\text{ を満たす} \end{cases} \quad (8.2)$$

特に，$X=\mathbb{R},Y=\mathbb{R}$ でそれぞれに自然な距離が入っているとき，

$$f\text{ が }a\text{ で連続} \iff \begin{cases} 任意の\varepsilon>0\text{ に対して，ある}\delta>0\text{ が存在して，} \\ |x-a|<\delta\text{ ならば }|f(x)-f(a)|<\varepsilon\text{ を満たす} \end{cases} \quad (8.3)$$

歴史的には式 (8.3) → 式 (8.2)・式 (8.1) → 定義 8.1 の順に一般化されたのである．$\mathbb{R}$ 上の自然な距離によって定義した式 (8.3) から一般の距離を用いた定義になり（式 (8.2)・(8.1))，ついに定義 8.1 では，距離関数が姿を消していることに注意してほしい．右図は式 (8.3) を視覚化したものであり，定義 8.1 への伏線になっている．

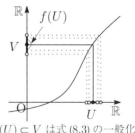

$f(U)\subset V$ は式 (8.3) の一般化

【なぜ位相空間では開集合系（閉集合系・近傍系）を用いるのか (1)】

式 (8.3) で，$|f(x)-f(a)|<\varepsilon$ は，$(\mathbb{R},d_2)$ における $f(a)$ を中心とする半径 ε の開球を表している．開区間 $(f(a)-\varepsilon,f(a)+\varepsilon)$ とも表現できる．しかしながら，この代わりに $\left(f(a)-\dfrac{\varepsilon}{2},f(a)+\varepsilon\right)$ や $\left(f(a)-\dfrac{\varepsilon}{2},f(a)+\dfrac{\varepsilon}{3}\right)$ としても本質的には同じである．つまり，式 (8.3) において任意にとるのは，$f(a)$ を中心とする開球でなくてもよく，$f(a)$ のどんな近傍を選んでもよいのである．このことが腑に落ちれば，位相空間において開集合系を用いることが自然に感じられると思う．

148 第 8 章 連続写像

そして，その理解が「なんとなく」から「はっきり」に移行するためには，次の問 8.1 を考えてみてほしい．

その次に，巻末の解答集にある証明を丁寧に追ってみてほしい．証明はステップバイステップを意識して記してある．

問 8.1 　実関数 f において，定義 8.1 と式 (8.3)は同値であること，すなわち，$a \in \mathbb{R}$ とするとき，次が成り立つことを示せ．

$$\begin{cases} f(a) \text{ の任意の近傍 } V \text{ に対し,} \\ a \text{ のある近傍 } U \text{ が存在して } f(U) \subset V \text{ をみたす.} \end{cases} \quad (\text{定義 } 8.1)$$

$$\iff \begin{cases} \text{任意の}\varepsilon > 0 \text{ に対して，ある}\delta > 0 \text{ が存在して,} \\ |x - a| < \delta \text{ ならば} |f(x) - f(a)| < \varepsilon. \end{cases} \quad (8.3)$$

式 (8.1)または式 (8.2)から極限を用いた次の定理を直ちに得る．

定理 8.1　極限による連続性の必要十分条件

X, Y を距離空間として，f を X から Y への写像とし，$\{x_n\}$ を X 上の点列とする．

$$f \text{ が } a \text{ で連続} \iff \left[\lim_{n \to \infty} x_n = a \text{ ならば } \lim_{n \to \infty} f(x_n) = f(a) \right] \quad (8.4)$$

さらに，近傍を用いた次の命題が成り立つ．

命題 8.1　近傍による連続性の必要十分条件

X, Y を位相空間とする．このとき

$$f : X \to Y \text{ が } a \text{ で連続}$$
$$\iff f(a) \text{ の任意の近傍 } V \text{ に対して，} f^{-1}(V) \text{ が } a \text{ の近傍になる} \quad (8.5)$$

[証 明]

($\Longrightarrow$) $f : X \to Y$ が a で連続であるとする．$f(a)$ の近傍 V をとると，a のある近傍 U が存在して $f(a) \in f(U) \subset V$ を満たす．よって，$a \in U \subset f^{-1}f(U) \subset$

$f^{-1}(V)$ となるから，$f^{-1}(V)$ は $\boldsymbol{a}$ の近傍である．
($\Longleftarrow$) V が $f(\boldsymbol{a})$ の近傍であるとき，$f^{-1}(V)$ は $\boldsymbol{a}$ の近傍である．よって，$f\left(f^{-1}(V)\right) = V \subset V$ であるから，$U = f^{-1}(V)$ とおけばよい． □

定義 8.1 は連続であることの局所的な定義である．これを定義域全体に拡張することで連続写像が定義される．

定義 8.2 連続写像

X, Y を位相空間として，$f: X \to Y$ を X から Y への写像とする．f が各点 $\boldsymbol{a} \in X$ で連続であるとき，f を**連続写像** (continuous map) という．

【例 8.1】 グラフが不連結な連続写像

連続写像 f とはどのようなものであろうか．

端的にいえば，「$\boldsymbol{a}$ を f でうつしたとき，$\boldsymbol{a}$ の近くの点も $f(\boldsymbol{a})$ の近くにうつす」ということである．「$\boldsymbol{a}$ を f でうつしたとき，$\boldsymbol{a}$ の周りの点もすべて $f(\boldsymbol{a})$ の周りにうつす」といってもよい．あるいは，「$\boldsymbol{a}$ が少しだけ動いたら，$f(\boldsymbol{a})$ も少しだけ動く」と考えてもよい（ただし，一般的な位相空間には距離が入っているとは限らないので，「近い・近く」という言葉は使えない．そのため，連続の定義は定義 8.1 のようになる）．

1 つ注意しておきたいのは，$\boldsymbol{a}$ における連続とは局所的な概念だということである．右図は $f: \mathbb{R} - \{0\} \to \mathbb{R} - \{0\}: x \longmapsto \dfrac{1}{x}$ のグラフである．このとき，f は連続写像である．f の定義域は $I = \mathbb{R} - \{0\}$ であって，各点 $a \in I$ で連続であるから，定義域 I においても連続である．グラフが $x > 0$ と $x < 0$ で分離しているが（つまり，グラフは不連結である），I 上の写像としては連続であることに注意が必要である．

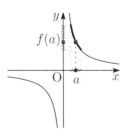

問 8.2　X を距離空間として，f, g を X 上の実数値関数とする．このとき，次式で定義される関数 $f + g, \alpha f$ が連続であることを示せ．

150 第 8 章 連続写像

$$(f + g)(\boldsymbol{x}) \underset{\text{def}}{=} f(\boldsymbol{x}) + g(\boldsymbol{x}), \tag{8.6}$$

$$(\alpha f)(\boldsymbol{x}) \underset{\text{def}}{=} \alpha f(\boldsymbol{x}) \tag{8.7}$$

命題 8.2 連続性と閉包

$(X, d_X), (Y, d_Y)$ を距離空間として，f, g を X から Y への連続写像とする．$A \subset X$ とするとき，

$$\begin{aligned}
&\text{任意の } \boldsymbol{x} \in A \text{ に対して } f(\boldsymbol{x}) = g(\boldsymbol{x}) \\
&\quad \Longrightarrow \text{任意の } \boldsymbol{x} \in A^a \text{に対して } f(\boldsymbol{x}) = g(\boldsymbol{x})
\end{aligned} \tag{8.8}$$

[証 明]

$\boldsymbol{x} \in A^a$ とすると定理 6.4 より，ある点列 $\{\boldsymbol{x}_n\} \subset A$ が存在して $\lim_{n \to \infty} \boldsymbol{x}_n = \boldsymbol{x}$ を満たす．f, g は連続なので定理 8.1 より

$$d_Y(f(\boldsymbol{x}), g(\boldsymbol{x})) \leqq d_Y(f(\boldsymbol{x}), f(\boldsymbol{x}_n)) + d_Y(f(\boldsymbol{x}_n), g(\boldsymbol{x}_n)) + d_Y(g(\boldsymbol{x}_n), g(\boldsymbol{x})) \tag{8.9}$$

$$\underset{\text{条件}}{=} d_Y(f(\boldsymbol{x}), f(\boldsymbol{x}_n)) + d_Y(g(\boldsymbol{x}_n), g(\boldsymbol{x})) \xrightarrow[n \to \infty]{} 0 \tag{8.10}$$

よって，$f(\boldsymbol{x}) = g(\boldsymbol{x})$ が成り立つ． □

【なぜ基本近傍系を考えるのか】

定義 7.6 で近傍系を定めた上に，定義 7.7 で基本近傍系も定義した．なぜ基本近傍系を考える必要があるのだろうか．

端的にいえば，近傍系に属するすべての近傍を考えなくても，基本近傍系だけで議論が済むからである．本章で述べた連続関数を例にして説明しよう．

X, Y を位相空間として，$f: X \to Y$ を写像とする．このとき，$\boldsymbol{a} \in X$ における f の連続性を調べてみよう．$f(\boldsymbol{a}) = \boldsymbol{b}$ とする．X, Y における $\boldsymbol{a}, \boldsymbol{b}$ の近傍系をそれぞれ $\mathcal{U}_X(\boldsymbol{a}) \, (\boldsymbol{a} \in X), \mathcal{U}_Y(\boldsymbol{b}) \, (\boldsymbol{b} \in Y)$ とし，$\boldsymbol{b}$ の基本近傍系を $\mathcal{U}_Y'(\boldsymbol{b})$ とする．いま，$f: X \to Y$ が $\boldsymbol{a} \in X$ で連続であるかどうかを調べるためには，任意の $V \in \mathcal{U}_Y(\boldsymbol{b})$ に対して $f^{-1}(V) \in \mathcal{U}_X(\boldsymbol{a})$ が成り立つか否か

を調べる必要がある．これを基本近傍系のみで代用できるというのがここでの主張である．

$$\text{任意の } V \in \mathcal{U}'_Y(\boldsymbol{b}) \text{ に対して } f^{-1}(V) \in \mathcal{U}_X(\boldsymbol{a}) \tag{8.11}$$

が成り立つとする．すると，$V \in \mathcal{U}_Y(\boldsymbol{b})$ でもあるから，基本近傍系の定義から $V_0 \in \mathcal{U}'_Y(\boldsymbol{b})$ が存在して $V_0 \subset V$ を満たす．式 (8.11) は任意の $V \in \mathcal{U}'_Y(\boldsymbol{b})$ で成り立つのだから，$f^{-1}(V_0) \in \mathcal{U}_X(\boldsymbol{a})$ である．一方，$V_0 \subset V$ だから，$f^{-1}(V_0) \subset f^{-1}(V)$ である．定理 7.4 の $(\mathcal{U}3)$ より，$f^{-1}(V) \in \mathcal{U}_X(\boldsymbol{a})$ が成り立つ．以上から，任意の $V \in \mathcal{U}_Y(\boldsymbol{b})$ に対して，$f^{-1}(V) \in \mathcal{U}_X(\boldsymbol{a})$ がいえたため $f : X \to Y$ が連続であることが示された．つまり，基本近傍系だけの議論で済ませることができたわけである．

8.1.2 | 開集合・閉集合と連続

次の定理によって，連続写像に関する多くの命題の証明が簡素化される（たとえば定理 8.3）．また，開集合を用いることで位相空間における議論としての一貫性が保たれる．

定理 8.2　開集合による連続写像の必要十分条件

　X, Y を位相空間として，$f : X \to Y$ を写像とする．このとき

f が連続写像 $\Longleftrightarrow$ Y の任意の開集合 V に対して，$f^{-1}(V)$ が X の開集合
$$\tag{8.12}$$

[証 明]

$(\Longrightarrow)$ $f : X \to Y$ を連続写像とし，V を Y の開集合とする．任意の $\boldsymbol{a} \in f^{-1}(V)$ をとると，$f(\boldsymbol{a}) \in V$ であるから，定理 7.3 より V は $f(\boldsymbol{a})$ の近傍である．命題 8.1 から $f^{-1}(V)$ は $\boldsymbol{a}$ の近傍であるから，再び定理 7.3 より $f^{-1}(V)$ は X の開集合である．

$(\Longleftarrow)$ V を $f(\boldsymbol{a})$ の任意の近傍とすると，Y のある開集合 U が存在して $f(\boldsymbol{a}) \in U \subset V$ を満たす．このとき，$f^{-1}(U)$ は X の開集合で，$\boldsymbol{a} \in f^{-1}(U)$ で

152   第 8 章　連続写像

あり，しかも，$a \in f^{-1}(U) \subset f^{-1}(V)$．よって，$f^{-1}(V)$ は a の近傍である．
したがって，命題 8.1 より f は a で連続である．これが各点 a でいえるから f
は連続写像である．　　　　　　　　　　　　　　　　　　　　　　　　　□

【例 8.2】恒等写像

　恒等写像 $id_X : X \to X : x \longmapsto x$ は連続である．ただし，定義域と終
域には同じ位相が入っているとする．実際，V を X の開集合とすると，
$id_X^{-1}(V) = V$ だから $id_X^{-1}(V)$ も X の開集合である．

【例 8.3】定数写像

　任意の定数写像 $f : X \to Y : x \longmapsto c$（$c$ は定数）は連続である．実際，V を
Y の開集合とする．$c \in V$ のとき $f^{-1}(V) = X$，$c \notin V$ のとき $f^{-1}(V) = \varnothing$
であるから，いずれにしても $f^{-1}(V)$ は X の開集合である．

　定理 8.2 から，一般に次のことがいえる．

- X の開集合が多いほど f は連続になりやすくなる．
- Y の開集合が少ないほど f は連続になりやすくなる．

問 8.3　　X, Y を位相空間として，$f : X \to Y$ を X から Y への写像とする．
　　　　　このとき，次の (a), (b) を示せ．

　　　　(a) X が離散位相空間ならば，f は Y によらず，いつでも連続である．
　　　　(b) Y が密着位相空間ならば，f は X によらず，いつでも連続である．

定理 8.3　合成写像の連続性

　X, Y, Z を位相空間として，$f : X \to Y, g : Y \to Z$ を連続写像とする．
このとき，$g \circ f : X \to Z$ も連続写像であることを示せ．

[証 明]

　V を Z を開集合とする．g は連続だから定理 8.2 より $g^{-1}(V)$ は Y の開集合

である. f も連続だから $f^{-1}(g^{-1}(V))$ は X の開集合である.

$$\boldsymbol{x} \in f^{-1}(g^{-1}(V)) \iff f(\boldsymbol{x}) \in g^{-1}(V) \tag{8.13}$$
$$\iff g(f(\boldsymbol{x})) \in V \tag{8.14}$$
$$\iff \boldsymbol{x} \in (g \circ f)^{-1}(V) \tag{8.15}$$

だから $f^{-1}(g^{-1}(V)) = (g \circ f)^{-1}(V)$ が成り立つ. よって, $g \circ f$ も連続である. $\square$

開集合と閉集合は双対の関係にあるので定理 8.2 から次の系が直ちに従う.

系 8.1 閉集合による連続写像の必要十分条件

X, Y を位相空間として, $f: X \to Y$ を写像とする. このとき

f が連続写像 $\iff Y$ の任意の閉集合 F に対して, $f^{-1}(F)$ が X の閉集合
$$\tag{8.16}$$

[証 明]

$F \subset Y$ に対し, 一般に $\left(f^{-1}(F)\right)^c = f^{-1}(F^c)$ が成り立つ. F が閉集合のとき F^c は開集合であるから, 定理 8.2 を用いればよい. $\square$

問 8.4 X, Y を位相空間として, $f: X \to Y$ を X から Y への写像とする. このとき, 次が成り立つことを示せ.

f が連続写像 $\iff$ 任意の $A \subset X$ に対して, $f(A^a) \subset (f(A))^a$ $\tag{8.17}$

8.2 位相空間の同相

8.2.1 同相写像

2 つの位相空間 X, Y が同相であるとは, X, Y が粘土やゴムでできているとき, 連続的な変化によってうつり合うことをいう. このとき, X と Y は位相空間としては同じとみなすのである.

定義 8.3 同相写像・同相

X, Y を位相空間として，$f: X \to Y$ を X から Y への写像とする．f が全単射でかつ連続であり，f^{-1} も連続であるとき，f を**同相写像**または**位相同型写像** (homeomorphism) という．同相写像 $f: X \to Y$ が存在するとき，X と Y は**同相**または**位相同型** (homeomorphic) であるといい，$X \approx Y$ と表す．X と Y が同相でないとき，$X \not\approx Y$ と表す．

【例 8.4】開区間どうしの同相

$\mathbb{R}$ において，$(-1, 1) \approx \mathbb{R}$ である．実際，$f: (-1, 1) \to \mathbb{R}: x \longmapsto \tan \dfrac{\pi x}{2}$ で定めると，f は全単射な連続関数である．f の逆関数 $f^{-1}(x) = \dfrac{2}{\pi} \arctan x$ も連続なので[3]，f は同相写像である．よって，$(-1, 1) \approx \mathbb{R}$.

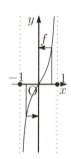

【例 8.5】開区間と曲線の同相

双曲線 $xy = 1$ を C とすると，$\mathbb{R} - \{0\} \approx C$ である．実際，$f: \mathbb{R} - \{0\} \to C: x \longmapsto \left(x, \dfrac{1}{x}\right)$ で定めると，f は全単射な連続関数である．f の逆関数 $f^{-1}((x, y)) = x$ も連続なので，f は同相写像である．よって，$C \approx \mathbb{R} - \{0\}$.

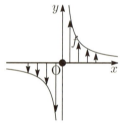

X, Y を位相空間として，$f: X \to Y$ を X から Y への連続写像とする．このとき，

- 開集合 $O \subset X$ に対して，$f(O) \subset Y$ は開集合とは限らない．
- 閉集合 $F \subset X$ に対して，$f(F) \subset Y$ は閉集合とは限らない．

---

[3] $\mathbb{R}$ 上の関数 $f(x) = \cos x, g(x) = \sin x, h(x) = \tan x$ の逆関数をそれぞれ $f^{-1}(x) = \arccos x, g^{-1}(x) = \arcsin x, h^{-1}(x) = \arctan x$ とかく場合がある（様々なかき方がある）．ただし，何もしなければこれらの逆関数は多価関数になってしまうので，一価関数となるような工夫をする必要がある．

8.2 位相空間の同相

【例 8.6】 開（閉）集合が開（閉）集合にうつらない連続写像

(1) 写像 $f\colon X \to Y$ において，$\boldsymbol{y}_0 \in Y$ を固定した上で，任意の $\boldsymbol{x} \in X$ に対して $f(\boldsymbol{x}) = \boldsymbol{y}_0$ とすると，例 8.3 より f は連続である．一方で，X は開集合であるが，$f(X) = \{\boldsymbol{y}_0\}$ は Y において必ずしも開集合ではない．

(2) たとえば，$\mathbb{R}$ には自然な距離が入っているとき，

$$f\colon \mathbb{R} \to \mathbb{R}\colon x \longmapsto \frac{1}{1+e^{-x}} \tag{8.18}$$

を考えると，$f(\mathbb{R}) = (0,1) \subset \mathbb{R}$ で，$\mathbb{R}$ は閉集合だが，$(0,1)$ は閉集合ではない．

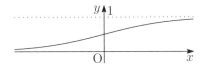

定義 8.4 開写像と閉写像

X, Y を位相空間として，$f\colon X \to Y$ を X から Y への写像とする．X の任意の開集合 O に対して，$f(O)$ が Y の開集合となるとき，f を**開写像** (open map) という．同様に，X の任意の閉集合 F に対して，$f(F)$ が Y の閉集合となるとき，f を**閉写像** (closed map) という．

定理 8.4 開（閉）写像による同相写像の必要十分条件

X, Y を位相空間として，$f\colon X \to Y$ を全単射かつ連続な写像とするとき

$$f \text{ が同相写像} \iff f \text{ が開写像（または閉写像）} \tag{8.19}$$

［証 明］

$f\colon X \to Y$ は全単射であるから，$g = f^{-1}\colon Y \to X$ が定義できる．

156　第 8 章　連続写像

$$g \text{ が連続} \iff \text{任意の開集合 } O \subset X \text{ に対して, } g^{-1}(O) \text{ が開集合} \qquad (8.20)$$

であるが, $g^{-1}(O) = (f^{-1})^{-1}(O) = f(O)$ である. つまり,

$$g \text{ が連続} \iff \text{任意の開（閉）集合 } O \subset X \text{ に対して, } f(O) \text{ は開（閉）集合} \qquad (8.21)$$

$$\iff f \text{ は開（閉）写像} \qquad (8.22)$$

8.2.2 同相写像の定義の妥当性と位相変換

　同相写像の定義に f^{-1} の連続性が要求されているのはなぜだろうか. 一見, f の連続性だけで十分なように思われる. ユークリッド空間上の図形は「平行移動, 回転, 対称移動」によって不変である. その一方で, 同相写像は位相空間上における「不変写像」でもある. 同相写像は何を不変にしているのだろうか.

> **【なぜ同相写像に f^{-1} の連続性が必要なのか】**
>
> $$f: X \to Y \text{ が連続} \iff \begin{cases} \text{任意の開集合 } V \subset Y \text{ に対して,} \\ f^{-1}(V) \subset X \text{ が } X \text{ の開集合} \end{cases}$$
>
> であった（定理 8.2）. これはつまり, Y の開集合に X の開集合を対応させているのであり, f が連続のときは Y の開集合と比較して, X の開集合が十分にあるということである.
>
> 　ところで, f が全単射である場合, X と Y の要素は 1 対 1 に対応しているのだが, 開集合どうしが 1 対 1 に対応しているとは限らない. なぜならば, Y の開集合 V を用いて $f^{-1}(V)$ と表せない X の開集合があるかもしれないからである. このときは, X の開集合の方が多いということになる.
>
> 　しかし, f が全単射で f^{-1} も連続ならば, X と Y の開集合も「同数」で, かつ $(f^{-1})^{-1}(V') = f(V')$（ただし, $V' \subset X$）が成り立つ. しかも f^{-1} の連続性から, 定理 8.2 より V' が X の開集合なら $f(V')$ は Y の開集合である. つまり, X と Y の開集合どうしが 1 対 1 に対応している. これは, X と Y の位相も 1 対 1 に対応していることを意味しており, 位相空間としての構造がまったく同じだということである. 以下に例を示す.

8.2 位相空間の同相　　157

【例 8.7】 f が全単射で連続でも同相写像にならない例

　$f\colon \mathbb{R} \to \mathbb{R}$ を考える. 定義域には離散位相を入れ, 終域にはユークリッ
ド距離から誘導された位相を入れ, それぞれを $\mathbb{R}_1, \mathbb{R}_2$ とする. このとき,
恒等写像

$$
id_{\mathbb{R}}\colon \quad \underset{\underset{\text{離散空間}}{\uparrow}}{\mathbb{R}_1} \quad \to \quad \underset{\underset{\text{ユークリッド空間}}{\uparrow}}{\mathbb{R}_2} \tag{8.23}
$$

を考えると, f は全単射かつ連続であるが開写像ではない. したがって, 定
理 8.4 から f は同相写像ではない.

　実際, たとえば, $\mathbb{R}_1$ の 0 を 0_1, $\mathbb{R}_2$ の 0 を 0_2 とかくと, $f(0_1) = 0_2$ で
あるが, $\{0_1\}$ は離散位相により開集合であるが, $\{0_2\}$ はユークリッド距離
から誘導された位相における 1 点集合であるから閉集合である (例 6.10).
したがって, 同相写像 (f^{-1} も連続) となるためには, $\mathbb{R}_1$ と $\mathbb{R}_2$ の両方に
離散位相を入れるか, あるいは両方にユークリッド距離から誘導された位
相を入れなければならない. つまり, f^{-1} の連続性を要求することで, 定
義域にも終域にも同じ位相が入るのである.

【なぜ位相空間では開集合系 (閉集合系・近傍系) を用いるのか (2)】

　$(\mathbb{R}^2, d_2)$ と比較して考えてみよう. $\mathbb{R}^2$ 上で「平行移動, 回転, 対称移動」や
これらを組み合わせて得られる写像を**合同変換** (congruent transformation)
とよぶ. 合同変換とは, 対応する「2 点の距離」を変えない写像のことであ
る. 私たちが中学校で学んだ平面図形において $\triangle ABC \equiv \triangle A'B'C'$ であると
き, $\triangle ABC$ と $\triangle A'B'C'$ は合同変換で互いにうつりあう. だから, 合同 ($\equiv$)
という概念は合同変換で**不変** (invariant) ということになる. そして, **ユーク
リッド幾何学は** $(\mathbb{R}^2, d_2)$ **上の合同変換で不変な性質を研究する学問**であると
いえる. また, ユークリッド幾何学における最も基本的な量は「距離」とい
うことになる.

　一方, 対象とする図形がゴムや粘土のような柔軟な材質でできているとする.
自由に伸縮させて変形させる写像を, 合同変換に対して**位相変換** (topological
transformation) とよぶ (ただし, 切ったり貼り合わせたりすることはでき

ない).実は,定義 8.3 の同相写像は位相変換を引き起こしている.ここで 1.2.2 項の「コーヒーカップとドーナツ」の例を思い出してほしい.位相変換においては,図形の形や 2 点の距離などは変化する(不変量ではない).これらの量は位相変換では本質的ではないのである.

ところで,位相変換における不変量は何だろうか.それが開集合や閉集合,近傍系なのである.位相変換とは,「対応する部分集合が開集合であるかどうか」を変えない写像のことである.したがって,位相空間論では「開集合(または閉集合,近傍)」が最も基本的な概念であるといえる.

同値関係が「等しい」という概念の抽象化・一般化であるように,距離は「近さ」という概念の抽象化・一般化であった.そして,距離の公理は「距離」という概念が満たすべき本質をとり出したものなのであった.距離関数 d_1 と d_2 の違いによって,2 点 x, y の距離 $d_1(x,y), d_2(x,y)$ の値が異なるとしても,近さは d_1 でも d_2 でも測れるのである.

これをもっと抽象化・一般化したものが位相である.右図において自然な距離 d が入っているとき,$d(x, y) < d(x, z)$ であることが直観的にわかる.しかし,もはや,距離 d を使わずとも開集合系の包含関係で「その点の周辺かどうか」を判断しようというわけである.

開集合 O_1
開集合 O_2
開集合 O_3

【位相的性質】

位相変換(つまり同相写像)で不変な性質を**位相的性質** (topological property) という.連結性やコンパクト性などは位相的性質であり,この直後に学ぶ 8.3 節や 8.4 節で示すように,連続写像によって「遺伝」する.

8.3 連結空間上の連続写像

次の定理 8.5 やその系である系 8.3 は連結空間において最も重要な性質の一つである.

8.3 連結空間上の連続写像　159

定理 8.5　連続写像による連結性の保存

$(X, \mathcal{O}_X), (Y, \mathcal{O}_Y)$ を位相空間として，$f: X \to Y$ を連続写像とする．このとき

$$X \text{ が連結空間} \implies f(X) \text{ は } Y \text{ の連結集合} \qquad (8.24)$$

[証 明]

$f(X) \subset Y$ が連結でないとすると，ある $U, V \in \mathcal{O}_Y$ が存在して，

(dc1) $f(X) \subset U \cup V$
(dc2) $(U \cap f(X)) \cap (V \cap f(X)) = \varnothing$
(dc3) $f(X) \cap U \neq \varnothing$ かつ $f(X) \cap V \neq \varnothing$

を満たす．f は連続であるから，定理 8.2 より $f^{-1}(U), f^{-1}(V) \in \mathcal{O}_X$ である．このとき，

$$f^{-1}(U) \cup f^{-1}(V) = f^{-1}(U \cup V) = X (\because f(X) \subset U \cup V), \qquad (8.25)$$

$$f^{-1}(U) \cap f^{-1}(V) = f^{-1}(U \cap V) \qquad (8.26)$$

$$= f^{-1}(f(X) \cap (U \cap V)) = \varnothing. \qquad (8.27)$$
$$(\because f(X) \cap (U \cap V) = \varnothing)$$

また，

$$f^{-1}(U) = f^{-1}(U \cap f(X)) \neq \varnothing (\because U \cap f(X) \neq \varnothing), \qquad (8.28)$$

$$f^{-1}(V) = f^{-1}(V \cap f(X)) \neq \varnothing (\because V \cap f(X) \neq \varnothing). \qquad (8.29)$$

以上から，$f^{-1}(U), f^{-1}(V)$ は X を分離する開集合である．これは X が連結であることに反する．よって，$f(X)$ は連結である．　　　　□

2 つの位相空間 X と Y が同相である（ない）ことを示すには，X と Y の間に同相写像が存在する（しない）ことを示せばよい．しかし，それはそうそう容易なことではない．そこで，連続写像が保存する位相的性質を用いて証明することがある．例 8.8, 問 8.5, 例 8.10 はその例である（例 8.9 はコンパクトであることを示した例）．

【例 8.8】同相でないことの連続写像による証明

$\mathbb{R}$ と $\mathbb{R} - \{0\}$ は同相でない．これを背理法で示す．$\mathbb{R} \approx \mathbb{R} - \{0\}$ を仮定すると，全単射の連続関数 $f: \mathbb{R} \to \mathbb{R} - \{0\}$ が存在する．いま，$\mathbb{R}$ は連結だが $f(\mathbb{R}) = \mathbb{R} - \{0\}$ は連結でない．よって，定理 8.5 と矛盾する．したがって，$\mathbb{R} \not\approx \mathbb{R} - \{0\}$ である．

問 8.5 円周 S^1 と閉区間 $[0, 1]$ は同相でないことを示せ．

系 8.2 連続写像による連結性の保存 〜 $\mathbb{R}$ への像 〜

X を位相空間で連結であるとする．このとき

$f: X \to \mathbb{R}$ が連続写像
$$\implies f(X) \text{ は閉区間，開区間，半開区間のいずれか} \quad (8.30)$$

［証明］
定理 7.10 および定理 8.5 から直ちに従う． □

系 8.3 【中間値の定理】

$f: [a, b] \to \mathbb{R}$ を連続関数として，$f(a) < f(b)$ とする．このとき

$$f(a) < \alpha < f(b) \text{ を満たす任意の}\alpha\text{に対して，} \\ \text{ある } c \in [a, b] \text{ が存在して } f(c) = \alpha \text{ が成り立つ} \quad (8.31)$$

［証明］

定理 8.5 より，連結空間 $[a, b]$ の f による像 $f([a, b])$ は $\mathbb{R}$ の連結集合である．しかも系 8.2 より，$f([a, b])$ は閉区間，開区間，半開区間のいずれかである．そして，この区間は $f(a)$ と $f(b)$ を含んでいるのだから，$f(a)$ と $f(b)$ の間の値もすべて含んでいなければならない．つまり，

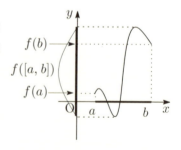

$f(a), f(b) \in [f(a), f(b)] \subset f([a,b])$ である。したがって，$f(a)$ と $f(b)$ の間の値を α とすると，ある c が存在して $a < c < b$ かつ $\alpha = f(c)$ を満たす。 □

命題 8.3　不連結性の判定

$(X, \mathcal{O})$ を位相空間とする。このとき離散位相空間 $\{0, 1\}$ に対して

$$X \text{ が不連結} \iff \text{全射の連続写像 } f : X \to \{0, 1\} \text{ が存在する} \quad (8.32)$$

[証明]

($\Longrightarrow$) X を不連結とすると，ある $U, V \in \mathcal{O}, U \neq \varnothing, V \neq \varnothing$ が存在して，$X = U \cup V$ かつ $U \cap V = \varnothing$ を満たす。

ここで，$f(\boldsymbol{x}) = \begin{cases} 0 & (\boldsymbol{x} \in U) \\ 1 & (\boldsymbol{x} \in V) \end{cases}$ とすると，f は連続である。なぜなら，$\{0, 1\}$ の開集合は，$\varnothing, \{0\}, \{1\}, \{0, 1\}$ だから，

$$f^{-1}(\varnothing) = \varnothing, \quad f^{-1}(\{0\}) = U, \quad f^{-1}(\{1\}) = V, \quad f^{-1}(\{0, 1\}) = X \quad (8.33)$$

はいずれも X の開集合だからである。以上から，f は連続かつ全射である。

($\Longleftarrow$) $f : X \to \{0, 1\}$ を連続かつ全射とする。$\begin{cases} U = f^{-1}(\{0\}) \\ V = f^{-1}(\{1\}) \end{cases}$ とすると，$\{0\}$，$\{1\}$ は $\{0, 1\}$ の開集合で，f は連続だから，U, V は X の開集合である。また，f は全射であるから，$U \neq \varnothing, V \neq \varnothing$ である。

$$U \cap V = f^{-1}(\{0\}) \cap f^{-1}(\{1\}) = f^{-1}(\{0\} \cap \{1\}) = \varnothing \text{ かつ } U \cup V = X \quad (8.34)$$

となるから，U, V は X を分離する開集合である。よって X は不連結である。 □

8.4　コンパクト空間上の連続写像

次の定理 8.6 やその系である系 8.4 と系 8.5 はコンパクト空間において応用上最も重要な性質の一つである。

162   第8章　連続写像

定理 8.6　連続写像によるコンパクト性の保存

X, Y を位相空間として，$f: X \to Y$ を連続写像とする．このとき

$$X \text{ がコンパクト空間} \implies f(X) \text{ は } Y \text{ のコンパクト集合} \qquad (8.35)$$

［証　明］

$\bigcup_{\lambda \in \Lambda} O_\lambda \supset f(X)$ を $f(X)$ の開被覆とする．$O_\lambda \subset Y$ は Y の開集合である．$X = \bigcup_{\lambda \in \Lambda} f^{-1}(O_\lambda)$ となるが，f は連続であるから，$f^{-1}(O_\lambda)$ は X の開集合である．したがって，これは X の開被覆である．X はコンパクトであるから，$O_{\lambda_1}, O_{\lambda_2}, \ldots, O_{\lambda_n}$ が存在して，$X = \bigcup_{i=1}^n f^{-1}(O_{\lambda_i})$ を満たす．よって，

$$f(X) = f\left(\bigcup_{i=1}^n f^{-1}(O_{\lambda_i})\right) = \bigcup_{i=1}^n f\left(f^{-1}(O_{\lambda_i})\right) = f(X) \cap \bigcup_{i=1}^n O_{\lambda_i} \subset \bigcup_{i=1}^n O_{\lambda_i} \qquad (8.36)$$

となり，$f(X)$ の開被覆 $\{O_\lambda\}_{\lambda \in \Lambda}$ の有限部分被覆が存在するから，$f(X)$ はコンパクトである． □

【例 8.9】 コンパクトであることの連続写像による証明

楕円 $C: \dfrac{x^2}{a^2} + \dfrac{y^2}{b^2} = 1 \ (a > 0, b > 0)$ は $\mathbb{R}^2$ のコンパクトな部分集合である．実際，定理 7.14 より閉集合 $[0, 2\pi] \subset \mathbb{R}$ はコンパクトである．写像 $f: [0, 2\pi] \to \mathbb{R}^2: \theta \mapsto (a\cos\theta, b\sin\theta)$ は連続である．定理 8.6 より $f([0, 2\pi]) = C \subset \mathbb{R}^2$ はコンパクトである． □

【例 8.10】 同相でないことの連続写像による証明

円周 S^1 と $\mathbb{R}$ は同相でない．これを背理法で示す．$S^1 \approx \mathbb{R}$ を仮定すると，全単射の連続関数 $f: S^1 \to \mathbb{R}$ が存在する．いま，S^1 はコンパクトだが $f(S^1) = \mathbb{R}$ はコンパクトでない．よって，定理 8.6 と矛盾する．したがって，$S^1 \not\approx \mathbb{R}$ である． □

8.4 コンパクト空間上の連続写像 163

系 8.4　コンパクト空間の像としての有界閉集合

X, Y を位相空間として，$f: X \to Y$ を連続写像とする．このとき

X がコンパクト空間で Y が距離空間 $\Longrightarrow$ $f(X)$ は Y の有界閉集合
(8.37)

［証　明］

定理 8.6 より，$f(X) \subset Y$ はコンパクトであるから，定理 7.13 と命題 7.7 より $f(X)$ は有界閉集合である． □

系 8.5　【最大値・最小値の存在】

X をコンパクト空間として，$f: X \to \mathbb{R}$ を連続写像とする．このとき f は最大値・最小値をとる．

［証　明］

系 8.4 より，$f(X) \subset \mathbb{R}$ は有界閉区間であるから，$f(X)$ に最大値・最小値が存在する． □

定理 8.7　同相写像であることの十分条件

X をコンパクト空間，Y をハウスドルフ空間として，$f: X \to Y$ を連続写像とする．このとき

$$f \text{ が全単射} \Longrightarrow f \text{ は同相写像} \tag{8.38}$$

［証　明］

f は全単射だから，逆写像 $f^{-1}: Y \to X$ が定義できる．f^{-1} が連続であることを示せばよい．定理 8.4 より，$f^{-1} = g$ として次を示せばよい．

X の任意の閉集合 F に対して，$g^{-1}(F) = f(F)$ は Y の閉集合 (8.39)

X はコンパクト，$F \subset X$ は閉集合であるから，定理 7.12 より F もコンパクトである．f は連続であるから，定理 8.6 より $f(F) \subset Y$ もコンパクトであ

る．定理 7.13 より，$f(F)$ は閉集合である．以上より示された． □

【例 8.11】正方形と円が同相であることの説明

p.5 に示したように，正方形と円は同相である．以下にこれを説明する．右図の A は正方形，B は単位円である．また，A は $\mathbb{R}^2$ のコンパクト部分空間であり，B はハウスドルフ部分空間である．o を始点とする半直線と A, B の交点をそれぞれ x, y とする．このとき，$f: A \to B$：$x \mapsto y$ は明らかに全単射であるから f は同相写像であり，$A \approx B$ がいえる．

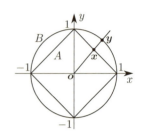

━━━━━ 発 展 問 題 ━━━━━

8.1 $X = \{1, 2, 3, 4\}$ に対し，位相 $\mathcal{O}_1 = \{\varnothing, \{2\}, \{1, 3\}, \{1, 2, 3\}, \{1, 3, 4\}, X\}$ を与え，$Y = \{a, b, c\}$ に対し，位相 $\mathcal{O}_2 = \{\varnothing, \{b\}, \{a, b\}, \{b, c\}, Y\}$ を与える．

(a) 写像 $f: X \to Y$ を $f(1) = f(3) = b, f(2) = a, f(4) = c$ で定義する．このとき，f は連続か．

(b) 写像 $g: X \to Y$ を $g(1) = g(3) = a, g(2) = b, g(4) = c$ で定義する．このとき，g は連続か．

8.2 (X, d) を距離空間とし，f を X 上の連続写像とする．このとき $F = \{x \mid f(x) = x\}$ は閉集合であることを示せ．

8.3 X, Y を位相空間とし，$f: X \to Y$ を連続写像とする．f を部分空間 $A \subset X$ に制限した写像 g も連続であることを示せ．

8.4 $z \in \mathbb{R}^n$ とする．任意の $x \in \mathbb{R}^n$ に対して，写像 $f: \mathbb{R}^n \to \mathbb{R}^n : x \mapsto x + z$ が同相写像であることを示せ．

8.5 X, Y, Z を位相空間とするとき，次の (i)–(iii) が成り立つことを示せ．

(ⅰ) $X \approx X$

(ⅱ) $X \approx Y \Longrightarrow Y \approx X$

(ⅲ) $X \approx Y, Y \approx Z \Longrightarrow X \approx Z$

第 9 章
データサイエンスへの応用

集合と位相は，代数学，解析学，幾何学や，統計学などの応用数学，つまり，ありとあらゆる数学の土台となるものである．本章では数以外の記号列や自然言語，確率分布などをデータとして扱う際に位相の概念が導入されている例について述べる．なお，本章では線形代数と解析学，統計学の基本的な知識を前提としている．

9.1 各種データ間の距離

社会で活用されているデータサイエンスの一つとして顔認証システムがある．顔認証システムは，ディープラーニングによって学習した人工知能（AI，ここでは識別モデル）などを活用して静止画や動画内の顔を識別し，個人を特定するための手段として使用されている．このシステムでは，登録された顔画像から，目や鼻，口などの位置や大きさ等を抽出し学習している．目や鼻，口などの位置や大きさをデータとするのであるから，そこには距離の概念が使われている．モニタに映っている顔と実際の顔の 2 つのデータが，どの程度近いのかを測ることによって判断材料の一つにしているのである．

一般に，距離を測るメリットとして次のことが挙げられる．

- データの比較を定量的に行うことができる．
- 多数のデータをグループに分けることができる（例 9.1）．
- ある新規のデータが既存のどのグループに属するかを判定できる（例 9.1, 9.1.2 項）．
- データの特異性を判定できる（例 9.1）．

このような例からもわかるように，距離はデータサイエンスの基本概念の一つ

といえる．代表的な距離としてはユークリッド距離（式 (6.1)）があるが，データによっては適さない場合もある．

9.1.1 距離の活用例

データサイエンスでしばしば用いられる距離を例 9.1 と例 9.2 で紹介しよう．

【例 9.1】マハラノビスの距離

判別分析を行う際などにマハラノビスの距離を用いることがある．判別分析とは，2 群 P, Q と個体 x との距離[1] $d(P, x), d(Q, x)$ を測り，$d(P, x) < d(Q, x)$ ならば x は P に属し，$d(P, x) > d(Q, x)$ ならば Q に属すと判別する統計分析の一つである．$d(P, x)$ の測り方は様々である．P の重心（P が有限集合の場合は平均を与える点）と x との距離を測るなどが一例である．

1 変数の場合，たとえば P が正規分布にしたがうとき，P と x のマハラノビスの距離は，図 9.1 に示すようにデータのばらつきを考慮して次式 (9.1) で与えられる

$$d(P, x) = \sqrt{\frac{(x-m)^2}{\sigma^2}} = \frac{|x-m|}{\sigma} \tag{9.1}$$

図 9.1 は，平均 m，分散 σ^2 の正規母集団 $N(m, \sigma^2)$ からサンプルを 1 つとり出し，その値が x であったときの様子を示したものである．

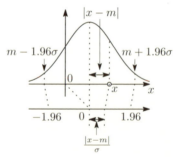

図 9.1 正規分布とマハラノビスの距離

---

[1] 集合どうしの距離や，集合と個体（点）の距離は，必ずしも定義 6.3 の距離の公理を満たすとは限らない．便宜的に「距離」という語を用いている場合があるので注意が必要である．

この拡張として多変数におけるマハラノビスの距離を定義する．いま，n 次元のベクトルを $\boldsymbol{x} = (x_1, x_2, \ldots, x_n)$ とし，P の平均を，$\boldsymbol{m} = (m_1, m_2, \ldots, m_n)$ とする．ここで，P の共分散行列を S とすると，$d(P, \boldsymbol{x})$ は次式 (9.2) で定義される．ただし，t は転置を表す記号である．

$$d(P, \boldsymbol{x}) = \sqrt{(\boldsymbol{x} - \boldsymbol{m}) S^{-1}\,{}^t(\boldsymbol{x} - \boldsymbol{m})} \qquad (9.2)$$

式 (9.2) を 1 変数のときに適用すると式 (9.1) となる．

マハラノビスの距離の意味を 2 変数の場合で図示しておこう．下図の黒点は，どちらが特異であろうか．直観的には左側の点であろう．しかし，この 2 点は楕円の重心からのユークリッド距離は等しいのである．ユークリッド距離はデータの散らばり具合を考慮していないので，距離は等しいが特異である，ということが起こる．そのため，散らばり具合を考慮する場合があり，下図が例の一つである．このとき，2 つの黒点のうち右の方は楕円で囲まれたグループに属すると「判別」される．

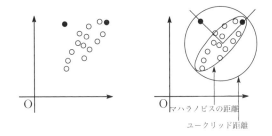

【例 9.2】編集距離（レーベンシュタイン距離）

編集距離は，必ずしも長さが等しいとは限らない 2 つの文字列が，どの程度異なっているかを示すものであり，一方の文字列をもう一方の文字列に変形するために必要な編集の最小回数として定義される．編集とは，文字の挿入・削除・置換のいずれかの操作のことである．たとえば，partner を apartment に編集してみよう．

1. partner の最初に a を挿入 → apartner

2. apartner の n を m に置換 → apartmer
3. apartmer の最後の r を n に置換 → apartmen
4. apartmen の最後に t を挿入 → apartment

よって，編集距離は 4 である．

編集距離は，スペルチェッカーや生命情報科学などで用いられている．

9.1.2 対応分析と χ^2 距離

次に**対応分析** (correspondence analysis) を紹介しよう．主な情報系学部のアドミッションポリシー（以下，AP）をテキストマイニングの手法によって対応分析を行い，得られた散布図が図 9.2 である．

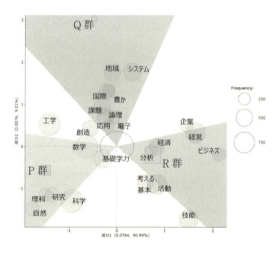

図 9.2 対応分析の例

この結果から，P 群の情報系学部の AP の特徴語として自然，理科，研究，数学，基礎学力が，Q 群の情報系学部の AP の特徴語としてシステム，地域，国際，豊か，課題，論理，電子，応用が，R 群情報系学部の AP の特徴語としてビジネス，経営，経済，分析が得られた．対応分析による散布図の見方や特徴は以下の通りである．

(1) 特徴のない抽出語は原点付近にプロット（打点）される．

9.1　各種データ間の距離　　169

(2) 特徴の大きい抽出語は原点から遠くにプロット（打点）される.

(3) 関連の強い抽出語どうしは, 原点から見て同一方向にプロット（打点）される.

(4) 軸に数学的な意味はないため, 分析結果から示唆を得たい場合, 研究者が軸に意味を付ける必要がある.

(5) 抽出語どうしの距離には相対的な意味しかない.

(6) クロス集計表では抽出語の出現率を用いているので, サンプルサイズが散布図に反映されない.

　対応分析の具体的な計算例は例 9.3 で示すが, 基本的な考え方は, たとえば, 表 9.1 のようなクロス集計表において行項目と列項目を考え, 各項目間の距離を χ^2 距離で測るというものである. χ^2 距離は重み付きのユークリッド距離であり, 重みは全項目の行項目や列項目ごとの出現率である. 列項目はしばしば外部変数とよばれる. 表 9.1 では, P 群, Q 群, R 群の三つが外部変数である. 列項目のプロットは, たとえば 3 つの場合, はじめはそれぞれ, $\mathbb{R}^3$ 上の $(1,0,0),(0,1,0),(0,0,1)$ に配置する. これら 3 点で張る平面（これを α とよぶ）上で「重み」の 3 次元座標が α における原点になるようにしたり, α 上にプロットされた項目間の 3 次元の距離が α 上で 2 次元の χ^2 距離になるように調整する際に α が引き延ばされたり回転されたりして位置が変化する. これらの作業を通して, 図 9.2 のような散布図が得られる.

【例 9.3】対応分析の計算例

　図 9.2 における対応分析の計算例を示そう. 表 9.1 は各語 A, B, C の出現回数を表したものであり, 表 9.2 は表 9.1 の最右列の計に対する出現率を表している. ここで, 各語の χ^2 距離 d_{χ^2} は次のように計算することができる.

$$
\begin{aligned}
d_{\chi^2}(A, B) &= \sqrt{\frac{(0.57-0.32)^2}{0.32} + \frac{(0.29-0.33)^2}{0.30} + \frac{(0.14-0.39)^2}{0.38}} \\
&\fallingdotseq \sqrt{0.3651} \fallingdotseq 0.6042,
\end{aligned}
\tag{9.3}
$$
$$
d_{\chi^2}(B, C) \fallingdotseq 0.4625, \quad d_{\chi^2}(C, A) \fallingdotseq 1.0634.
$$

$d_{\chi^2}(A, B)$ の分母は, 表 9.2 の最下行の設置者別の全体の出現率である.

d_{χ^2} において,分母がなければ通常のユークリッド距離である.$d_{\chi^2}(B,C)$, $d_{\chi^2}(C,A)$ は $d_{\chi^2}(A,B)$ と同様に計算した.詳細は略すが,同様にして列どうしの χ^2 距離も求められる(式 (9.4)).

$$d_{\chi^2}(P,Q) \fallingdotseq 0.6580, \quad d_{\chi^2}(Q,R) \fallingdotseq 0.4981, \quad d_{\chi^2}(R,P) \fallingdotseq 0.9795 \tag{9.4}$$

表 9.1 対応分析の計算例 (1)

	P 群	Q 群	R 群	計
語 A	120	60	30	210
語 B	100	90	120	310
語 C	30	90	150	270
全体	250	240	300	790

表 9.2 対応分析の計算例 (2)

	P 群	Q 群	R 群	計
語 A	0.57	0.29	0.14	1.00
語 B	0.32	0.29	0.39	1.00
語 C	0.11	0.33	0.56	1.00
全体	0.32	0.30	0.38	1.00

表 9.3 対応分析の計算例 (3)

	P 群	Q 群	R 群
語 A	1.01	0.53	0.23
語 B	0.57	0.53	0.63
語 C	0.19	0.60	0.91
全体	0.57	0.55	0.62

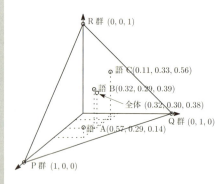

表 9.2 を $\mathbb{R}^3$ にプロットしたものが左図である.式 (9.3)からわかるように,これを χ^2 距離に直すためには,表 9.2 の各セルの値をその直下にある「全体」行の対応するセルの値の平方根で割っておけばよい.たとえば,$\sqrt{0.32}$ で「P 群」列のすべての値を割ればよい.実際に,それを行なったものが表 9.3 である.「P 群」の座標 $(1,0,0)$ についても 1 を $\sqrt{0.32}$ で割る.つまり,あらかじめ各座標の成分のそれぞれに重み付けしておけばよい.このとき,設置者別の座標はそれぞれ P 群 $(1.77,0,0)$, Q 群 $(0,1.83,0)$, R 群 $(0,0,1.62)$ となる(この 3 点で張る平面を β とよぶ).$\mathbb{R}^3$ の「全体」$(0.57,0.55,0.62)$ が β の原点 $(0,0)$ となるように各点を配置する.このとき,各語間の距離が式 (9.3)となるように,また,各設置者間の距離が式

9.1 各種データ間の距離 　171

(9.4)となるように配置する．すなわち，各語間の距離と各設置者間の距離がともに，はじめに求めた χ^2 距離になるように配置するのである．さらに，β 内の横軸に沿って，各語の距離が大きくなるように β を原点のまわりに回転する．これらの作業を経て図 9.2 を得る．

9.1.3 自然言語と距離

　自然言語処理と一言でいっても，それだけで幅広い学問領域であるので，ここでは，語の珍しさ，文の特徴量，文のベクトル化，文の類似度などについて述べる．次の3つの文を見てみよう．

文$_1$：集合と位相は大学で学ぶ数学の科目だ．
文$_2$：集合と位相は大学の2年次に学ぶ科目で，集合を学んだ後に位相を学ぶ．
文$_3$：集合と位相は数学の基礎となる科目で，数学の中でも解析学や幾何学のために必要だ．

　ここでは簡単のため，名詞に絞って各文に現れる回数を一覧表にしてみよう．このような表を **bag of words** という．

	集合	位相	大学	数学	科目	2年次	基礎	解析学	幾何学	計
文$_1$	1	1	1	1	1	0	0	0	0	5
文$_2$	2	2	1	0	1	1	0	0	0	7
文$_3$	1	1	0	2	1	0	1	1	1	8

　次に，「各文における各語の出現回数」を「各文に含まれる重複も含めた総語数（上表の計）」で割ったものを考える．これを**単語頻度** (term frequency, tf) とよぶ．定式化すると，$\mathrm{tf}(t, d) = \dfrac{n_{td}}{\sum_{t' \in d} n_{t'd}}$（$n_{td} = $ 文 d に含まれる語 t の個数[2]）となる．tf は文字通り語の出現頻度を表している．これが次の表である．

	集合	位相	大学	数学	科目	2年次	基礎	解析学	幾何学
文$_1$	0.200	0.200	0.200	0.200	0.200	0	0	0	0
文$_2$	0.286	0.286	0.143	0	0.143	0.143	0	0	0
文$_3$	0.125	0.125	0	0.250	0.125	0	0.125	0.125	0.125

---
[2] t は term，d は document の頭文字である．

172   第9章　データサイエンスへの応用

さらに「総文数 N」を「ある語 t が含まれる文の数」で割った**逆文書頻度**
(inverse document frequency, idf) を次式で定める.

$$\mathrm{idf}(t) = \log \frac{N}{\mathrm{df}(t)} \quad (N \text{ は総文数},\ \ \mathrm{df}(t) = \text{語 } t \text{ が含まれる文 } d \text{ の個数})$$

相対的な評価を与えたいので log の底は正数であれば何でもよい[3].　本書では
e にしている.　$\mathrm{df}(t)$ が大きいほど総文数 N に対して語 t は頻出するといえる
ことから,　$\mathrm{idf}(t)$ は語の珍しさの指標にあたる.

最後に tf-idf とよばれる値を求めよう.　定式化すると

$$\text{tf-idf}(t, d) = \frac{n_{td}}{\sum_{t' \in d} n_{t'd}} \cdot \log \frac{N}{\mathrm{df}(t)}$$

となる.　tf-idf の変数は語 t と文 d だから,　各語と文に対して tf-idf が定まり,
文 d の特徴量と考えられる.　$\dfrac{N}{\mathrm{df}(t)}$ の値は必ず 1 以上になり,　語 t が含まれる
文の数 $\mathrm{df}(t)$ が大きくなればなるほど,　つまり,　$\dfrac{N}{\mathrm{df}(t)}$ が 1 に近づくほど,　idf
も tf-idf も 0 に近づいていく.　以下に tf-idf の計算例を示す.

$$\text{tf-idf}(集合, 文_1) = 0.200 \cdot \log \frac{3}{3} = 0.200 \cdot 0 = 0, \tag{9.5}$$

$$\text{tf-idf}(大学, 文_2) = 0.143 \cdot \log \frac{3}{2} \fallingdotseq 0.143 \cdot 0.405 \fallingdotseq 0.058, \tag{9.6}$$

$$\text{tf-idf}(基礎, 文_3) = 0.125 \cdot \log 3 \fallingdotseq 0.125 \cdot 1.099 \fallingdotseq 0.137. \tag{9.7}$$

これを踏まえた tf-idf の表は次のとおりである.

	集合	位相	大学	数学	科目	2年次	基礎	解析学	幾何学
文$_1$	0	0	0.081	0.081	0	0	0	0	0
文$_2$	0	0	0.058	0	0	0.157	0	0	0
文$_3$	0	0	0	0.101	0	0	0.137	0.137	0.137

いま,　表の 2 行目,　3 行目,　4 行目をそれぞれ 文$_1$,　文$_2$,　文$_3$ を表すベクトル
とみなすと (**文ベクトル**または**文書ベクトル** (document vecter) などとよばれ
る),　文どうしのユークリッド距離を定められる.

---

[3] log をとること自体は数値尺度統一のための経験則である.　$N/\mathrm{df}(t)$ のままでは極端な値をと
ることがあるため,　対数を用いることが慣習になっている.

$$d_2(\text{文}_1, \text{文}_2) = \sqrt{(0.023)^2 + (0.081)^2 + (0.157)^2} \fallingdotseq 0.178 \qquad (9.8)$$

$$d_2(\text{文}_2, \text{文}_3) = \sqrt{(0.058)^2 + (0.101)^2 + (0.157)^2 + 3(0.137)^2} \fallingdotseq 0.307 \quad (9.9)$$

$$d_2(\text{文}_3, \text{文}_1) = \sqrt{(0.081)^2 + (0.020)^2 + 3(0.137)^2} \fallingdotseq 0.252 \qquad (9.10)$$

これによれば，文$_1$と文$_2$が一番近いということになる.

ところで，上の idf の定義を採用すると，tf の値にかかわらず tf-idf が 0 になることがあるため，$\mathrm{idf}(t) = \log \dfrac{N}{\mathrm{df}(t)} + 1$ とする場合もある．これを使って再度文ベクトルを求めると次のようになる（各文どうしの距離の計算については読者に任せたい）.

	集合	位相	大学	数学	科目	2年次	基礎	解析学	幾何学
文$_1$	0.200	0.200	0.281	0.281	0.200	0	0	0	0
文$_2$	0.286	0.286	0.201	0	0.143	0.300	0	0	0
文$_3$	0.125	0.125	0	0.351	0.125	0	0.262	0.262	0.262

また，自然言語処理では，距離ではなく類似度という指標を用いることもある．その一つが**コサイン類似度** (cosine similarity) である．コサイン類似度は $\cos\theta = \dfrac{\langle \text{文}_i, \text{文}_j \rangle}{|\text{文}_i||\text{文}_j|}$ によって求められ，$-1 \sim 1$ の値をとる．1 に近づくほど文$_i$ と 文$_j$ は似ていると判断される.

このように，文書データをベクトルに変換してとり扱う手法を**線形空間モデル**または**ベクトル空間モデル** (vecter space model) などとよぶ．ここでは，ユークリッド距離とコサイン類似度を紹介したが，他の距離や類似度を使う場合もある．対応分析も線形空間モデルの一つである.

9.2　統計モデルへの位相の導入

統計モデルに位相を導入した例として，近年注目されつつある**情報幾何** (information geometry) は，1982 年に甘利俊一氏によって体系化されたものである[15]．情報幾何によって情報理論やその周辺分野を統一的に理解し，汎用性のあるアルゴリズムを構築することが期待されている.

情報幾何は関数空間を舞台の一つとした幾何学である．関数空間とは，ある種の関数の集合に距離を導入し，関数を点とみなす距離空間である．情報幾何

174　第 9 章　データサイエンスへの応用

では確率分布 $p(x; \boldsymbol{\xi})$ を点とする関数空間を考える．関数空間は位相空間であり，さらに後述する多様体にもなる．多様体上で考えることにより，情報理論やその周辺分野に対して微分幾何学的なアプローチが可能になる．9.2.1 項～9.2.3 項では舞台の作り方をみてもらいたい．

9.2.1 関数空間

定義 9.1　関数空間

X を集合として，$F(X) = \{f: X \to \mathbb{R} \mid f$ は有界 $\}$ とする．ただし，

$$f \text{ が有界 } \underset{\text{def}}{\iff} \begin{cases} \text{ある実数 } M > 0 \text{ が存在して，任意の} \\ \boldsymbol{x} \in X \text{ に対して} |f(\boldsymbol{x})| \leqq M \text{ を満たす} \end{cases} \tag{9.11}$$

ここで，f, g に対して，

$$d(f, g) \underset{\text{def}}{=} \sup \{|f(\boldsymbol{x}) - g(\boldsymbol{x})| \mid \boldsymbol{x} \in X\} \tag{9.12}$$

とすると，d は $F(X)$ の距離を与える．$(F(X), d)$ を**関数空間** (function space) という．

【例 9.4】 2 次の実多項式関数全体による関数空間

　関数空間は抽象的なのでイメージが湧きづらいだろう．そこで，まず，$I = [-1, 1]$ を定義域とする x の 2 次の実多項式関数全体 $F(I) = \{a_2 x^2 + a_1 x + a_0 \mid x \in I, a_2, a_1, a_0 \in \mathbb{R}\}$ を考えてみよう．このとき $F(I)$ は 3 次元の線形空間となる．なぜなら，$f(x) = a_2 x^2 + a_1 x + a_0 \in F(I)$，$g(x) = b_2 x^2 + b_1 x + b_0 \in F(I)$ に対して，

$$(f + g)(x) \underset{\text{def}}{=} f(x) + g(x), \tag{9.13}$$

$$(\alpha f)(x) \underset{\text{def}}{=} \alpha f(x) \tag{9.14}$$

と定義すると

$$\begin{aligned} (f + g)(x) &= f(x) + g(x) \\ &= (a_2 + b_2)x^2 + (a_1 + b_1)x + (a_0 + b_0) \in F(I), \end{aligned} \tag{9.15}$$

$$(\alpha f)(x) = \alpha f(x) = (\alpha a_2)x^2 + (\alpha a_1)x + (\alpha a_0) \in F(I) \tag{9.16}$$

となるからである.

問 9.1 定義 9.1 で提示した $d(f,g) = \sup\{|f(\boldsymbol{x}) - g(\boldsymbol{x})| \mid \boldsymbol{x} \in X\}$ が,定義 6.3 の距離の公理を満たすことを示せ.

定義 9.1 では関数どうしの距離として $d(f,g) = \sup |f(\boldsymbol{x}) - g(\boldsymbol{x})|$ を採用したが,$\tilde{d}(f,g) = \int_a^b |f(\boldsymbol{x}) - g(\boldsymbol{x})|d\boldsymbol{x}$(重積分)を用いる場合もある.図 9.3 は $X = \mathbb{R}$ のときの例である.

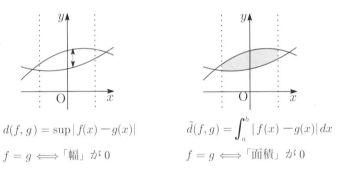

$d(f,g) = \sup |f(x) - g(x)|$

$f = g \iff$「幅」が 0

$\tilde{d}(f,g) = \int_a^b |f(x) - g(x)|\,dx$

$f = g \iff$「面積」が 0

図 9.3 関数空間における 2 つの距離

問 9.2 定義 9.1 では,$F(X) = \{f\colon X \to \mathbb{R} \mid f \text{ は有界}\}$ と定義したわけだが,なぜ「f は有界」という条件が必要なのだろうか.

問 9.3 定義 9.1 では,$d(f,g) = \sup |f(x) - g(x)|$ と定義したわけだが,なぜ $d(f,g) = \max |f(x) - g(x)|$ と定義していないのだろうか.

9.2.2 世界経済の状態を表現する手段としての位相空間

これから,世界経済の状態を数学的(幾何学的)に分析することを例として,そのための土壌としての**多様体** (manifold) を定義する.世界経済の状態を分析することはあくまでも例であって,観測可能なものであれば別のものでもよい.

176 第9章 データサイエンスへの応用

　様々な世界経済の状態を要素とする集合を X とする．私たちは X の要素を見たり聞いたりして観測を行う．これを f とかく．つまり，世界経済の状態 $\boldsymbol{p}$ に対して観測 f を行い，f によって得られた観測値を $f(\boldsymbol{p})$ とかくのである．

$$
\begin{array}{ccc}
f\colon & X & \to & \mathbb{R} \\
& \cup & & \cup \\
& \boldsymbol{p} & \longmapsto & f(\boldsymbol{p})
\end{array}
\tag{9.17}
$$

　ここで X に対して行うことのできる観測の全体を Ω とかく．通常は，1 つの状態についていくつかの観測を同時に行うため，Ω は以下の条件を満たすと仮定しておく．

$$
\left\{
\begin{array}{ll}
f, g \in \Omega \Longrightarrow f + g \in \Omega & \tag{9.18} \\
f, g \in \Omega \Longrightarrow fg \in \Omega & \tag{9.19} \\
f \in \Omega, \alpha \in \mathbb{R} \Longrightarrow \alpha f \in \Omega & \tag{9.20}
\end{array}
\right.
$$

　ここで，$f + g, \alpha f$ は例 9.4 の定義を満たし，$fg(\boldsymbol{p}) \underset{\text{def}}{=} f(\boldsymbol{p})g(\boldsymbol{p})$ とする．さらに，観測値が同じなら世界経済の状態は同じものだと思うことにする．つまり，

$$
[\,\text{任意の } f \in \Omega \text{に対して，} f(\boldsymbol{p}) = f(\boldsymbol{p}')\,] \Longrightarrow \boldsymbol{p} = \boldsymbol{p}'
\tag{9.21}
$$

と約束しておく．

　世界経済を数学的（幾何学的）に分析するために必要とされるものの一つが**位相**である．いま，$\mathbb{R}$ の基底を $\mathcal{O}_{\mathbb{R}}$ とかくことにする（例 7.5）．$O \in \mathcal{O}_{\mathbb{R}}$ と $f \in \Omega$ に対して，$f^{-1}(O)$ 全体の集合を $\mathcal{O}_X$ とかくと，$\mathcal{O}_X$ は定義 7.1 の $(\mathcal{O}1) \sim (\mathcal{O}3)$ を満たす．これによって $(X, \mathcal{O}_X)$ は位相空間になる．

　世界経済の状態 $\boldsymbol{p}, \boldsymbol{q} \in X$ に対して，$\boldsymbol{p} \neq \boldsymbol{q}$ ならば何らかの観測 $f \in \Omega$ が存在して，$f(\boldsymbol{p}) \neq f(\boldsymbol{q})$ が成り立つだろう．したがって，$f \in \Omega$ の連続性を仮定していれば，$\mathbb{R}$ がハウスドルフ空間であることから，X はハウスドルフ空間になっている．

9.2.3 位相空間から多様体へ

　$\boldsymbol{p} \in X$ の近傍 $U_{\boldsymbol{p}}$ において，独立な観測 [4] の最大数が d であるとき，$\boldsymbol{p}$ の近

---

[4] $\boldsymbol{p} \in X$ において，$f_1, f_2, \ldots, f_n$ が独立な観測とは，任意の $f \in \Omega$ に対して，n 変数関数 F_f が存在して，$f(\boldsymbol{p}) = F_f(f_1(\boldsymbol{p}), f_2(\boldsymbol{p}), \ldots, f_n(\boldsymbol{p}))$ を満たすことをいう．

傍で X の**自由度** (degree of freedom) は d であるという.

$\boldsymbol{p}$ の近傍で X の自由度が d であるとき,つまり,独立な観測を $f_1, f_2, \ldots, f_d$ とするとき,独立な観測の定義[4]から,f を加えた $f_1, f_2, \ldots, f_d, f$ は $\boldsymbol{p}$ の近傍において独立でない.よって,$\boldsymbol{p}' \in U_{\boldsymbol{p}}$ において,ある d 変数関数 F_f が存在して

$$f(\boldsymbol{p}') = F_f\left(f_1(\boldsymbol{p}'), f_2(\boldsymbol{p}'), \ldots, f_d(\boldsymbol{p}')\right) \tag{9.22}$$

とかける.観測は滑らかであること(= 微分できること)が期待されるので,F_f は無限階微分可能(これを C^∞ とかく)であると仮定しておく.

定義 9.2　d 次元位相多様体

$(X, \mathcal{O}_X)$ を位相空間とする.X は次の条件を満たすとき,X を d **次元位相多様体** (d-dimensional manifold) という.

(1)　X はハウスドルフ空間である.
(2)　ある非負整数 d が存在して,任意の $\boldsymbol{p} \in X$ に対して,その近傍 $U_{\boldsymbol{p}}$ で X の自由度が d である.

$\boldsymbol{p}', \boldsymbol{p}'' \in U_{\boldsymbol{p}}$ に対して,

$$\left(f_1(\boldsymbol{p}'), f_2(\boldsymbol{p}'), \ldots, f_d(\boldsymbol{p}')\right) = \left(f_1(\boldsymbol{p}''), f_2(\boldsymbol{p}''), \ldots, f_d(\boldsymbol{p}'')\right) \tag{9.23}$$

を満たすとき,任意の $f \in \Omega$ に対して $f(\boldsymbol{p}') = f(\boldsymbol{p}'')$ が成り立つ.このとき,式 (9.21) から $\boldsymbol{p}' = \boldsymbol{p}''$ となる.そうすると,状態 $\boldsymbol{p}'$ は d 個の数の組 $(f_1(\boldsymbol{p}'), f_2(\boldsymbol{p}'), \ldots, f_d(\boldsymbol{p}'))$ で決まることになる.これを状態 $\boldsymbol{p}'$ の**座標** (coordinate) とよぶことにする.$(f_1, f_2, \ldots, f_d)$ は $U_{\boldsymbol{p}}$ の状態をすべて表すので,$U_{\boldsymbol{p}}$ の**局所座標系** (local coordinate system) とよばれる.

ある状態 $\boldsymbol{p}'$ について,$\boldsymbol{p}' \in U_{\boldsymbol{p}} \cap U_{\boldsymbol{q}}$ となることがある.このとき,$\boldsymbol{p}'$ は $U_{\boldsymbol{p}}$ の局所座標系 $(f_1, f_2, \ldots, f_d)$ を用いて座標 $(f_1(\boldsymbol{p}'), f_2(\boldsymbol{p}'), \ldots, f_d(\boldsymbol{p}'))$ で表されたり,$U_{\boldsymbol{q}}$ の局所座標系 $(g_1, g_2, \ldots, g_d)$ を用いて座標 $(g_1(\boldsymbol{p}'), g_2(\boldsymbol{p}'), \ldots, g_d(\boldsymbol{p}'))$ で表されたりする.

ところで,式 (9.22) において,f を g_i に置き換えてみると

$$g_i(\boldsymbol{p}') = F_{g_i}\left(f_1(\boldsymbol{p}'), f_2(\boldsymbol{p}'), \ldots, f_d(\boldsymbol{p}')\right) \quad i = 1, 2, \ldots, d \tag{9.24}$$

が得られる．このとき，式 (9.24)は座標 $(f_1(\boldsymbol{p}'), f_2(\boldsymbol{p}'), \ldots, f_d(\boldsymbol{p}'))$ を用いて座標 $(g_1(\boldsymbol{p}'), g_2(\boldsymbol{p}'), \ldots, g_d(\boldsymbol{p}'))$ の i 番目をとり出す関数と考えることができるから，ある関数 F_i が存在して

$$F_{g_i} = F_i(x_1, x_2, \ldots, x_d) \quad i = 1, 2, \ldots, d \tag{9.25}$$

を満たす．式 (9.25)において，g_i と f_i を入れ替えても同じだから，ある関数 G_i が存在して

$$F_{f_i} = G_i(y_1, y_2, \ldots, y_d) \quad i = 1, 2, \ldots, d \tag{9.26}$$

を満たす．これらを用いると，

$$g_i(\boldsymbol{p}') = F_i\left(f_1(\boldsymbol{p}'), f_2(\boldsymbol{p}'), \ldots, f_d(\boldsymbol{p}')\right) \quad i = 1, 2, \ldots, d \tag{9.27}$$

$$f_j(\boldsymbol{p}') = G_j\left(g_1(\boldsymbol{p}'), g_2(\boldsymbol{p}'), \ldots, g_d(\boldsymbol{p}')\right) \quad j = 1, 2, \ldots, d \tag{9.28}$$

とかける．式 (9.27)を**座標変換** (transformation of coordinate system) とよぶ．簡単のため変数だけを使ってかき，かつ，わかりやすさのためにすべてを並べてかくと以下のようになる．

$$
\begin{aligned}
y_1 &= F_1(x_1, x_2, \ldots, x_d) & x_1 &= G_1(y_1, y_2, \ldots, y_d) \\
y_2 &= F_2(x_1, x_2, \ldots, x_d) & x_2 &= G_2(y_1, y_2, \ldots, y_d) \\
&\;\;\vdots & &\;\;\vdots \\
y_d &= F_d(x_1, x_2, \ldots, x_d) & x_d &= G_d(y_1, y_2, \ldots, y_d)
\end{aligned}
\tag{9.29}
$$

$F = (F_1, F_2, \ldots, F_d)$ も $G = (G_1, G_2, \ldots, G_d)$ も C^∞ であったから，式 (9.29)による座標変換は C^∞ **可微分同相** (diffeomorphism) とよばれる．これによって，多様体上で微分可能な関数や接空間などが定義できるようになる．

定義 9.3　$C^\infty d$ 次元多様体

$(X, \mathcal{O}_X)$ を位相空間とする．X が次の条件を満たすとき，X を $C^\infty d$ 次元多様体 ($C^\infty d$-dimensional manifold) という．

(1) X はハウスドルフ空間である.
(2) ある非負整数 d が存在して,任意の $p \in X$ に対して,その近傍 U_p で X の自由度が d である.
(3) 座標変換が C^ℓ 可微分同相である.

これで(世界経済を例にしたが,世界経済に限らず)観測可能な状態を数学的(幾何学的)に分析するための土壌を作ることができた.

9.2.4 情報幾何とは何か

[14] では機械学習の幾何的イメージとして図 9.4 を示している.この図は,情報処理をデータから統計モデルへの写像,情報処理による結果を統計モデルへの像と捉えている.9.2.2 項と 9.2.3 項の例を用いれば,データは世界経済の状態であり,情報処理は観測にあたる.

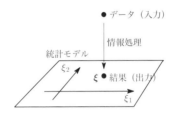

図 9.4 機械学習の幾何的イメージ

情報幾何とは,大雑把にいえば図 9.4 の統計モデルに幾何学的構造を導入することによって,統計モデルを多様体として見られるようにし,機械学習を含む情報処理分野に微分幾何の手法を使えるように考えられたものである[5].

情報処理やその周辺分野には,統計学やシステム制御,自然言語処理,符号理論,最適化理論,統計物理などがあり,その多くが機械学習と関連している.それぞれに独自の理論やアルゴリズムをもっているが,情報幾何によって統一的

---

[5] 情報幾何で用いられる多様体はリーマン計量 (Riemannian metric) とよばれる尺度をそなえたリーマン多様体 (Riemannian manifold) である.一般に計量が与えられることで,多様体上の 2 点間の距離が定義でき,2 点間の曲線の長さやその最小値(または下限)を求めることができる.さらに,角度・面積・体積なども定義できる.情報幾何ではリーマン計量を特にフィッシャー計量 (Fisher metric) とよんでいる.

に理解することで汎用性のあるアルゴリズムを構築することが期待されている.

情報幾何において,図9.4の統計モデルは,n個の実数 $\boldsymbol{\xi} = (\xi_1, \xi_2, \ldots, \xi_n)$ をパラメータにもつ確率変数 X の確率分布 $p(x; \boldsymbol{\xi})$ 全体である.$(\xi_1, \xi_2, \ldots, \xi_n)$ は多様体における座標に相当する.$p(x; \boldsymbol{\xi})$ 全体に距離を入れることで $\{p(x; \boldsymbol{\xi})\}$ は距離空間になる.定義9.1の関数空間と同様に,一つひとつの確率分布が点として表現されることに注意してほしい.

表 9.4　情報幾何の基礎

定義する内容	用語
パラメータ付きの確率分布	多様体上の点・座標系
点の近傍	接空間・接ベクトル
点の近傍における距離	フィッシャー計量
異なる点どうしを結ぶ線	アファイン接続

【例 9.5】離散分布

X が離散変数 $x_0, x_1, x_2, \ldots, x_n$ をとるとし,$P(X = x_i) = p_i > 0$ とおくと,$\sum_{i=1}^n p_i = 1$ であるから,独立なパラメータは n 個である.これを,$p_1, p_2, \ldots, p_n$ とし,さらに正規直交座標系とすれば $(p_1, p_2, \ldots, p_n)$ は $(n+1)$ 次元空間の超平面上にあると考えることができる.$n = 3$ のときは,図9.5のように $(1, 0, 0), (0, 1, 0), (0, 0, 1)$ を通る平面上にある.

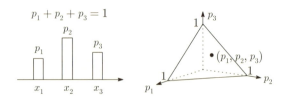

図 9.5　離散分布の例

【例 9.6】正規分布

X を実数とし,確率分布を $p(x; m, \sigma) = \dfrac{1}{\sqrt{2\pi}\sigma} e^{-\frac{(x-m)^2}{2\sigma^2}}$ とすると,X は正規分布 $N(m, \sigma^2)$ に従う.このとき,$p(x; m, \sigma)$ と (m, σ) を同一視すると,$p(x; m, \sigma)$ 全体は,適当な距離 $d((m_0, \sigma_0), (m_1, \sigma_1))$ によって距離

空間になる．ただし，ユークリッド距離は適さない．なぜなら，図 9.6 のように AB 間の距離と ab 間の距離が等しくなってしまうからである．

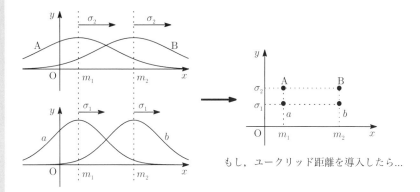

図 9.6 正規分布の統計モデルとユークリッド距離

統計モデルは関数空間（距離空間の一つ）であるが，それは当然ながら位相空間であり，さらに多様体にもなる．特に $C^\infty d$ 次元多様体を考えることで，位相多様体に微分可能構造が導入され，微分幾何学的なアプローチによる分析が可能になる．しかしながら，統計モデルに具体

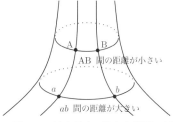

図 9.7 確率分布に適した距離の例

的な多様体上の尺度（リーマン計量とみなすことができるが，フィッシャー計量とよばれる）や，微分幾何学的アプローチを紹介することについては発展的な内容であるので，参考文献[12]などを参照してほしい．なお，図 9.7 はユークリッド距離の代替例の一つであり，絶対的なものではない．

付録

数学の準備

A.1 論理式

A.1.1 論理演算子

数学における議論の筋道は「… または …」,「… ならば …」,「… ではない」などの言葉によって表される.このとき,簡潔に表すため,**論理演算子**「∧（かつ）」,「∨（または）」,「¬（でない）」,「$\Longrightarrow$（ならば）」,「$\Longleftrightarrow$（同値）」と,命題等を表す文字と組み合わされた**論理式**が用いられる.論理式を表す文字を p, q とし,「真と偽（**真理値**）」を「T と F」としたとき,論理演算子を含む論理式の真理値を次表（**真理表とよぶ**）に示す[1].

		かつ	または	でない	ならば	同値
p	q	$p \wedge q$	$p \vee q$	$\neg p$	$p \Longrightarrow q$	$p \Longleftrightarrow q$
T	T	T	T	F	T	T
T	F	F	T	F	F	F
F	T	F	T	T	T	F
F	F	F	F	T	T	T

このうち,$\Longrightarrow$ と $\Longleftrightarrow$ の使い方には注意が必要であるので,詳しく述べる.

ならば（$\Longrightarrow$）

「$p \Longrightarrow q$」の p は前提（仮定）,q は結論にあたる.たとえば,「x が4の倍数 $\Longrightarrow x$ は偶数」は,x が4の倍数であれば偶数であることを表す.もし,x が4の倍数でないとき,たとえば,$6, 9, 10$ などのときに x が偶数かどうかについては言及していない.そのため,前提が成立しないときには結論の真偽にか

---

[1] 表中の p, q には,T と F の他,命題を表す文字や論理式があてはまる.

かわらず,「x が 4 の倍数 $\Longrightarrow$ x は偶数」は真(正しい主張)である.

このことは,上述の真理表の「$p \Longrightarrow q$」の列からも読み取れる.$p \Longrightarrow q$ が偽なのは,p が真であるにもかかわらず,q が偽のときに限られる.

同値な論理式

$p \Longleftrightarrow q$ は,「$p \Longrightarrow q$ かつ $q \Longrightarrow p$」の略記でもあり,「p と q は同値である」あるいは,「p のとき,そしてそのときに限り,q である」ともよばれる.そのため,$p \Longleftrightarrow q$ の証明では,「$p \Longrightarrow q$」と「$q \Longrightarrow p$」の両方を示せばよい.あるいは,p と q についての真理表の列が同じになることを示してもよい.

2 つの論理式が同値である主な論理式には次のものがある.なお,論理結合子の優先順位は $\neg, \wedge, \vee, \Longrightarrow, \Longleftrightarrow$ と定められており,たとえば,「$p \Longrightarrow q \Longleftrightarrow \neg p \vee q$」は,「$(p \Longrightarrow q) \Longleftrightarrow ((\neg p) \vee q)$」を表す.

$$\text{排中律} \qquad p \wedge \neg p \Longleftrightarrow \mathsf{F} \qquad\quad p \vee \neg p \Longleftrightarrow \mathsf{T} \qquad (\text{A.1})$$

$$\text{交換法則} \qquad p \wedge q \Longleftrightarrow q \wedge p \qquad\quad p \vee q \Longleftrightarrow q \vee p \qquad (\text{A.2})$$

$$\text{結合法則} \qquad (p \wedge q) \wedge r \Longleftrightarrow p \wedge (q \wedge r) \qquad (\text{A.3})$$

$$(p \vee q) \vee r \Longleftrightarrow p \vee (q \vee r) \qquad (\text{A.4})$$

$$\text{分配法則} \qquad p \wedge (q \vee r) \Longleftrightarrow (p \wedge q) \vee (p \wedge r) \qquad (\text{A.5})$$

$$p \vee (q \wedge r) \Longleftrightarrow (p \vee q) \wedge (p \vee r) \qquad (\text{A.6})$$

$$\text{二重否定} \qquad \neg(\neg p) \Longleftrightarrow p$$

$$\Longrightarrow \text{除去} \qquad p \Longrightarrow q \Longleftrightarrow \neg p \vee q \qquad (\text{A.7})$$

$$\Longleftrightarrow \text{除去} \qquad (p \Longleftrightarrow q) \Longleftrightarrow (p \Longrightarrow q) \wedge (q \Longrightarrow p) \qquad (\text{A.8})$$

$$\text{ド・モルガンの法則} \qquad \neg(p \wedge q) \Longleftrightarrow \neg p \vee \neg q \qquad (\text{A.9})$$

$$\neg(p \vee q) \Longleftrightarrow \neg p \wedge \neg q \qquad (\text{A.10})$$

$$\text{対偶} \qquad (p \Longrightarrow q) \Longleftrightarrow (\neg q \Longrightarrow \neg p) \qquad (\text{A.11})$$

$p \Longrightarrow q$ に対して,$q \Longrightarrow p$ を**逆**といい,$\neg q \Longrightarrow \neg p$ を**対偶**という.なお,$p \Longrightarrow q$ とその対偶は同値である.

また,$p \Longrightarrow q$ のとき,「q は p の**必要条件**」,「p は q の**十分条件**」といい,$p \Longleftrightarrow q$ を「p, q が互いに他の**必要十分条件**である」という.

184   付録　数学の準備

A.2　論理と集合

真理集合

x を集合 U を変域とする変数についての条件（述語）$p(x)$ を真とする元の集まりを**真理集合**とよび，$\{x \mid p(x)\}$ と書く．これにより，集合の演算 $\cap, \cup, (\cdot)^c$ と論理演算子 $\wedge, \vee, \neg$ には次の関係が成り立つ．以下，$q(x)$ もまた U を変域とする条件とする．

$$\{x \mid p(x)\} \cap \{x \mid q(x)\} = \{x \mid p(x) \wedge q(x)\}, \tag{A.12}$$
$$\{x \mid p(x)\} \cup \{x \mid q(x)\} = \{x \mid p(x) \vee q(x)\}, \tag{A.13}$$
$$\{x \mid p(x)\}^c = \{x \mid \neg p(x)\}. \tag{A.14}$$

そして，$p(x) \Longrightarrow q(x)$ は，「$p(x)$ を満たす x は必ず $q(x)$ も満たす」ことを表す命題である．$p(x)$ と $q(x)$ の真理集合によってこのことを表せば，

$$\text{任意の } a \in U \text{ について, } a \in \{x \mid p(x)\} \Longrightarrow a \in \{x \mid q(x)\} \tag{A.15}$$

となる．このことは，「$\{x \mid p(x)\} \subset \{x \mid q(x)\}$」であることと同じである．すなわち，次式が成り立つ．

$$(p(x) \Longrightarrow q(x)) \Longleftrightarrow \{x \mid p(x)\} \subset \{x \mid q(x)\}, \tag{A.16}$$
$$(p(x) \Longleftrightarrow q(x)) \Longleftrightarrow \{x \mid p(x)\} = \{x \mid q(x)\}. \tag{A.17}$$

「すべて」と「ある」

条件 $p(x)$ は，量化記号「$\forall$（全称記号），$\exists$（存在記号）」とともに，次のように用いられる（全体集合が明らかな場合には「$\in U$」は略される）．

$\forall x : p(x)$	すべての元 $x \in U$ について $p(x)$ が成立する．
	任意の元 $x \in U$ について $p(x)$ が成立する．
$\exists x : p(x)$	$p(x)$ が成立する元 $x \in U$ が存在する．
	ある $x \in U$ について $p(x)$ が成立する．
	適当な $x \in U$ について $p(x)$ が成立する．
	ある $x \in U$ が存在して $p(x)$ を満たす．

変域が $U = \{x_1, x_2, \ldots, x_n\}$ のとき，$\forall x : p(x)$ と $\exists x : p(x)$ と同値な論理式は，それぞれ次のとおりである．

$$\forall x : p(x) \iff p(x_1) \wedge p(x_2) \wedge \cdots \wedge p(x_n) \tag{A.18}$$
$$\exists x : p(x) \iff p(x_1) \vee p(x_2) \vee \cdots \vee p(x_n) \tag{A.19}$$

A.3 論理式の否定

議論のなかでは論理式を否定した表現がしばしば現れる．そんなときには，「…でない」を他の表現に書き換えることでわかりやすくなることがある．

たとえば，「$p \wedge q$」，「$p \vee q$」と「$\neg p$」の否定は，それぞれ，ド・モルガンの法則（式 (A.9), (A.10)）と二重否定（式 (A.7)）を使って書き換えられる．一方，注意が必要なのは，「$p \implies q$」，「$\forall x : p(x)$」，「$\exists x : p(x)$」である．

「ならば」の否定

$\neg(p \implies q)$ は，次のように $p \wedge \neg q$ と同値であることがわかる．

$$\neg(p \implies q) \iff \neg(\neg p \vee q) \iff p \wedge \neg q \tag{A.20}$$

すなわち，「$(p$ ならば $q)$ ではない」は，「p，かつ，q ではない（p であるにもかからわず q ではない）」と同値である（言い換えられる）．たとえば，「『偶数ならば 4 の倍数である』ことはない」は，「偶数であるにもかからわず 4 の倍数ではない」と同じことである．

「すべて」の否定

「$\forall x : p(x)$」が偽であるとき，$\neg p(x)$ を満たす x が存在している．そのため，「$\neg(\forall x : p(x))$」は「$\exists x : \neg p(x)$」と同値である．

このことは，式 (A.18) より，次のようにしてわかる．

$$\neg(\forall x : p(x)) \iff \neg(p(x_1) \wedge p(x_2) \wedge \cdots \wedge p(x_n)) \tag{A.21}$$
$$\iff \neg p(x_1) \vee \neg p(x_2) \vee \cdots \vee \neg p(x_n) \tag{A.22}$$
$$\iff \exists x : \neg p(x) \tag{A.23}$$

186　付録　数学の準備

「ある」の否定

「$\exists x : p(x)$」が偽であるとき，すべての x について $\neg p(x)$ である．そのため，「$\neg(\exists x : p(x))$」は「$\forall x : \neg p(x)$」と同値である．

このことは，式 (A.19)より，次のようにしてわかる．

$$\neg(\exists x : p(x)) \iff \neg(p(x_1) \vee p(x_2) \vee \cdots \vee p(x_n)) \tag{A.24}$$
$$\iff \neg p(x_1) \wedge \neg p(x_2) \wedge \cdots \wedge \neg p(x_n) \tag{A.25}$$
$$\iff \forall x : \neg p(x) \tag{A.26}$$

問・章末問題の解答例

第 2 章解答例

問 2.1 1 元集合:「1 以下の正整数の集合」など. 空集合:「0 未満の自然数の集合」など.

問 2.2 (a) $\{1,3,5,7,9,11\}$ (b) $\{0,\pi,2\pi\}$ (c) $\{y \mid x$ は整数$, y = 2^x, 0 \leqq x \leqq 5\}$ (d) $\{y \mid y = (-1)^{x-1}x, x \in \mathbb{Z}, 1 \leqq x \leqq 5\}$

問 2.3 (a) 4 個 $(-1,0), (0,-1), (1,0), (0,1)$ (b) 2 個 $(1,0), (0,1)$

問 2.4 右図 (a)〜(c)

問 2.5 右図 (d)

問 2.6 (a) 4 (b) 3 (c) 無限集合 (d) 無限集合 (e) 1 (f) 3

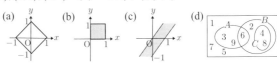

問 2.7 $A \subsetneq B$ より, $x \notin A$ かつ $x \in B$ である x が存在し, $B \subset C$ より, $x \in C$ である. したがって, $x \notin A$ かつ $x \in C$ である x が存在し, $A \subsetneq C$.

問 2.8 $A = C = D, E = F$

問 2.9 $A \subset B \subset C$ より, $A \subset C$. $C \subset A$ より, $A = C$. さらに, $A = C$ より $C \subset B$ と, $B \subset C$ より $B = C$. したがって, $A = B = C$.

問 2.10 自然数 n についての帰納法による. $A = \emptyset$, すなわち, $|A| = 0$ のとき成り立つ. $|A| = n > 0$ のとき, $|\mathcal{P}(A)| = 2^n$ と仮定する. たとえば, $A' = A \cup \{x\}$ の場合, $\mathcal{P}(A')$ には, $\mathcal{P}(A)$ の各元に x が含まれた場合と, 含まれない場合とがあり, $|\mathcal{P}(A')| = |\mathcal{P}(A)| \times 2 = 2^n \times 2 = 2^{n+1}$.

問 2.11 $A \cap B$ のすべての要素 x は, A と B のどちらにも属するため, $A \cap B \subset A$. 同様に, $A \cap B$ の要素は B の要素であることから, $A \cap B \subset B$.

問 2.12 例 2.6 より, $A \subset C$. $x \in (A \cup B)$ のとき, $x \in A$ であれば $x \in C$ であり, $x \in B$ であれば $B \subset C$ より $x \in C$. したがって, $A \cup B \subset C$.

問 2.13 $x \in A \cap (A \cup B)$ のとき, $A \cap (A \cup B) \subset A$. 一方, $x \in A$ のとき, $x \in A$ かつ $x \in (A \cup B)$ であり, $A \cap (A \cup B) \supset A$. よって, $A \cap (A \cup B) = A$.

問 2.14 $x \in (A \cup B) \cup C$ であれば $x \in (A \cup B)$ または $x \in C$. $x \in (A \cup B)$ であれば $x \in A$ または $x \in B$. $x \in A$ または $x \in (B \cup C)$. したがって, $(A \cup B) \cup C \subset A \cup (B \cup C)$. 同様に, $(A \cup B) \cup C \supset A \cup (B \cup C)$. よって, $(A \cup B) \cup C = A \cup (B \cup C)$.

問 2.15 $A - B = (-\infty, 0), B - A = (0, \infty)$

問 2.16 $A - B = A$ であれば A の要素として B の要素は 1 つも含まれず, $A \cap B = \emptyset$.

問 2.17 負整数全体の集合 ($\mathbb{Z}^-$), 有理数全体の集合 ($\mathbb{Q}$).

問 2.18 $x \in A$ ならば $x \notin A^c$ であり, 仮定 $A^c \cup B = U$ より, $x \in B$. したがって, $A \subset B$. このことと例 2.14 の式 (2.32) より, $A \subset B \iff A^c \cup B = U$.

問 2.19 $x \in (A \cap B)^c$ であれば, $x \notin (A \cap B)$ であり, $x \notin A$ または $x \notin B$ より, $x \in (A^c \cup B^c)$ であることから, $(A \cap B)^c \subset A^c \cup B^c$. 同様にして, $(A \cap B)^c \supset A^c \cup B^c$ であることから, 式 (2.35) が成り立つ.

188   問・章末問題の解答例

【発展 2.1】 $|A| = n$ のとき，$|\mathcal{P}(A)| = 2^n$ である．したがって，自然数 n について $|A| < |\mathcal{P}(A)|$ が成り立つ（$n = 0$ のとき，A が空集合のときも成り立つ）．

【発展 2.2】 1) $x \in (A \cap (B \cup C))$ のとき，「$x \in A$ かつ $x \in B$」または「$x \in A$ かつ $x \in C$」の場合がある．よって，$x \in (A \cap B)$ または $x \in (A \cap C)$ であり，$A \cap (B \cup C) \subset (A \cap B) \cup (A \cap C)$．2) $A \cap (B \cup C) \supset (A \cap B) \cup (A \cap C)$ も同様にして示され，1) と 2) より，式 (2.23) が成り立つ．式 (2.24) についても同様．

【発展 2.3】 ($\Longrightarrow$) $A \subset B$ かつ $B \subset B$ より $A \cup B \subset B$．また，$A \cup B \supset B$ より，$A \cup B = B$．($\Longleftarrow$) $A \cup B = B$ であれば，$A \subset A \cup B$ より，$A \subset B$．よって，式 (2.36) が成り立つ．

【発展 2.4】 1) $x \in (M - (A \cup B))$ であれば，$x \notin (A \cup B)$ であり，$x \notin A$ かつ $x \notin B$，つまり，$x \in (M - A)$ かつ $x \in (M - B)$ であり，$M - (A \cup B) \subset (M - A) \cap (M - B)$．2) 同様にして，$M - (A \cup B) \supset (M - A) \cap (M - B)$ が示される．1) と 2) より，式 (2.34) が成り立つ．式 (2.35) についても同様に証明される．

【発展 2.5】 (a) $(A - B) - C$ (b) $A - (B - C)$

第 3 章解答例

問 3.1 $\{(1,2,3),(1,2,4),(1,3,3),(1,3,4),(2,2,3),(2,2,4),(2,3,3),(2,3,4)\}$

問 3.2 1) $(x,y) \in A \times (B \cup C)$ ならば，$x \in A$ かつ $y \in (B \cup C)$ より $y \in B$ または $y \in C$．したがって，$(x,y) \in (A \times B)$ または $(x,y) \in (A \times C)$ より，$(x,y) \in (A \times B) \cup (A \times C)$．よって，$A \times (B \cup C) \subset (A \times B) \cup (A \times C)$．2) $A \times (B \cup C) \supset (A \times B) \cup (A \times C)$ についても同様に示され，1) と 2) より，式 (3.4) が成り立つ．

問 3.3 (a) 定義域：$\mathbb{R}$，値域：$[-1, \infty)$ (b) 定義域：$\mathbb{R} - \{0\}$，値域：$(-\infty, 0) \cup (0, \infty)$ (c) 定義域：$\mathbb{R}$，値域：$[0, \infty)$ (d) 定義域：$\mathbb{R} - (-1, 1)$，値域：$[0, \infty)$

問 3.4 $P_1 \subset P_2$ のとき，$x \in P_1$ なら $x \in P_2$ であり，$x \in P_1$（$x \in P_2$ でもある）の像 $f(x)$ は $f(P_2)$ の要素である．よって，$f(P_1) \subset f(P_2)$．式 (3.10) は略．

問 3.5 $G(f) = \{(0,0),(1,1),(2,4),(3,9),(4,6)\}$,
$G(g) = \{(0,1),(1,0),(2,-1),(3,-2),(4,-3)\}$

問 3.6 (a) sqrt $\circ$ sqr   (b) sqr $\circ$ succ   (c) succ $\circ$ sqr   (d) sqrt $\circ$ succ

問 3.7 $f \circ id_A : A \to B$ であり，$x \in A$ について，$(f \circ id_A)(x) = f(id_A(x)) = f(x) \in B$ であることから右辺 $f(x)$ と等しい．右側の等式は略．

問 3.8 (a) 全単射   (b) 単射   (c) その他   (d) 全射

問 3.9 $f_b^{-1}(x) = \dfrac{1}{8}x + \dfrac{1}{4}$, $f_c^{-1}(x) = \sqrt[3]{x}$, $f_d^{-1}(x) = \dfrac{\sqrt{x}}{2}$

問 3.10 $f(a) = b$ のとき，$(f^{-1} \circ f)(a) = f^{-1}(b) = a$ より，$id_A(a) = a$ と等しい．

問 3.11 (a) $\mathbb{Z}$, $\{-1, 0, 1\}$ (b) $\mathbb{Z} - \{0\}$, $\varnothing$ (c) $\mathbb{R}$, $[-1, 1]$

問 3.12 略

【発展 3.1】 式 (3.27)：1) $b \in f(P_1 \cup P_2)$ について，$f(a) = b$ となる $a \in P_1 \cup P_2$ が存在する．もし，$a \in P_1$ ならば $b = f(a) \in f(P_1)$．$a \in P_2$ ならば $b = f(a) \in f(P_2)$．よって，$b \in f(P_1)$ または $b \in f(P_2)$ より，$b \in f(P_1) \cup f(P_2)$．したがって，$f(P_1 \cup P_2) \subset f(P_1) \cup f(P_2)$．2) $f(P_1 \cup P_2) \supset f(P_1) \cup f(P_2)$ についても同様に示される．1) と 2) より，$f(P_1 \cup P_2) = f(P_1) \cup f(P_2)$．式 (3.28)：略

問・章末問題の解答例　　　189

【発展 3.2】 式 (3.29)：$f^{-1}(Q_1 \cup Q_2) = \{a \in A \mid f(a) \in Q_1$ または $f(a) \in Q_2\} = \{a \in A \mid a \in f^{-1}(Q_1)$ または $a \in f^{-1}(Q_2)\} = f^{-1}(Q_1) \cup f^{-1}(Q_2)$. 式 (3.30)：略.

【発展 3.3】 $\mathbb{R}$ 上の関数 f, g, h では $h \circ (g \circ f)$ と $(h \circ g) \circ f$ は定義され，$x \in \mathbb{R}$ について，$(h \circ (g \circ f))(x) = h(g(f(x)))$ と $((h \circ g) \circ f)(x) = h(g(f(x)))$ より，式 (3.31) が成り立つ.

【発展 3.4】 $c \in C$ について，全単射 g より $c = g(b)$ となる $b \in B$ がただ一つ存在し，全単射 f より，b に対して $b = f(a)$ となる $a \in A$ がただ一つ存在する. よって，全単射.

【発展 3.5】 $b \in B$ について，$g(b) \in C$ かつ，$g \circ f$ は全射なので，$g(b) = (g \circ f)(a) = g(f(a))$ となる $a \in A$ が存在する. g が単射であるから $b = f(a)$. よって，f は全射である.

第 4 章解答例

問 4.1　$1 \leqq 1,\ 1 \leqq 2,\ 1 \leqq 3,\ 2 \leqq 2,\ 2 \leqq 3,\ 3 \leqq 3$

問 4.2　$\{(1,1),(1,4),(4,1),(4,4),(2,2),(2,5),(5,2),(5,5),(3,3),(3,6),(6,3),(6,6)\}$

問 4.3　(a) 対称律，推移律　　(b) 反射律，対称律，推移律　　(c) 対称律

問 4.4　(a) 同値関係ではない　(b) 同値関係　(c) 同値関係ではない　(d) 同値関係

問 4.5　「x と y は，2 で割ったときの余りが同じ」など.

問 4.6　反射律：I_A が存在. 対称律：A から B への全単射 f が存在すれば，逆関数 f^{-1} は B から A への全単射より，$B \sim A$. 推移律：A から B への全単射 f，B から C への全単射 g が存在すれば $g \circ f$ は A から C への全単射となり，$A \sim C$.

問 4.7　$\mathbb{Z}^+$ から O への全単射 $f(x) = 2x - 1$，$\mathbb{N}$ から O への全単射 $f(x) = 2x + 1$ が存在.

問 4.8　$[a, b]$ から $[c, d]$ への全単射 $f(x) = \dfrac{d-c}{b-a}(x-a) + c$ が存在.

問 4.9　$a = -\dfrac{\pi}{2},\ b = \dfrac{\pi}{2}$.

問 4.10　$i, j \in \mathbb{Z}^+$ を用いれば，非負整数 p と奇数 q は，それぞれ $p = i - 1$ と $q = 2j - 1$ と一意的に表せる. よって，$f(i, j) = 2^p q = 2^{i-1}(2j-1)$ は全単射である.

問 4.11　例 4.8 より，$(a, b) \sim \mathbb{R}$. 定理 4.1 より，$[a, b] \sim [a, b]$. さらに，$[a, b] \subset \mathbb{R}$，かつ $(a, b) \subset [a, b]$ と，Bernstein の定理 3 より，$[a, b] \sim \mathbb{R}$.

問 4.12　「$0, 1, -1, 2, -2, 3, -3, \ldots, n, -n, \ldots$」と一列に並べることができるため.

問 4.13　無限集合 A の真部分集合を $B = \{b\}$ とする（$b \in A$）. A に対する B の補集合 $X = A - \{b\}$ は無限集合であり，定理 4.8 より，X と A は対等.

問 4.14　定理 4.7 から，無限集合 M は濃度 $\aleph_0$ の可算集合を含む. そのため，可算集合から M への単射が存在し，$\aleph_0 \leqq \mathfrak{m}$.

問 4.15　$(a, b) \subset X$ より，$\aleph = |(a, b)| \leqq |X|$. 一方，$X \subset \mathbb{R}$，$|X| \leqq |\mathbb{R}| = \aleph$. したがって，Bernstein の定理 4 より $|X| = \aleph$.

問 4.16　前提より A から A' への全単射 f，B から B' への全単射 g が存在するので，$A \times B$ から $A' \times B'$ への関数 $h(x, y) = (f(x), g(y))$ は全単射となる.

【発展 4.1】 $g(1,1) = 1,\ g(2,1) = 2,\ g(1,2) = 3,\ g(3,1) = 4,\ g(2,2) = 5, \ldots$ の順.

【発展 4.2】 任意の有理数 $\dfrac{m}{n}$ は，$m \in \mathbb{Z}, n \in \mathbb{Z}^+$ であることから，$\mathbb{Z} \times \mathbb{Z}^+$ の要素である. $\mathbb{Z}$ と $\mathbb{Z}^+$ はいずれも可算なので，命題 4.1 より $\mathbb{Z} \times \mathbb{Z}^+$ は可算である.

【発展 4.3】 B は可算集合であるとし，すべての要素を並べたのち，新しい要素 $b = b_1b_2\ldots b_i\ldots$ を構成する（b_i は，B の i 番目の要素の先頭から i 番目が，0 ならば 1，1 ならば 0）．この b は B のどの要素とも相異なるため B は可算集合ではない．

【発展 4.4】 $\mathbb{I}$ は無限集合であり，$\mathbb{R}$ に対する $\mathbb{Q}$ の補集合でもある．$\mathbb{Q}$ は可算であることから，定理 4.8 より，$\mathbb{I}$ は $\mathbb{R}$ と対等である．

【発展 4.5】 $C = [0, 1)$ のとき，$\mathbb{R} \sim C$ であり，式 (4.21) で，$A=A'=\mathbb{R}, B=B'=C$ とすれば，$\mathbb{R} \times \mathbb{R} \sim C \times C$ なので，$C \times C \sim C$ を示せばよい．以下略．

第 5 章解答例

問 5.1 反対称律は成り立つ．比較可能性ではない．

問 5.2 半順序関係．

問 5.3 $a, b \in \mathbb{Z}^+$ について，a が奇数，b が偶数ならば $a \ll b$，a と b がともに奇数かつ $a < b$ ならば $a \ll b$，a と b がともに偶数かつ $a < b$ ならば $a \ll b$．

問 5.4 $(0,0)\triangleleft(0,1)$, $(0,0)\triangleleft(1,0)$, $(0,0)\triangleleft(1,1)$, $(1,0)\triangleleft(0,1)$, $(1,0)\triangleleft(1,1)$, $(0,1)\triangleleft(1,1)$

問 5.5 たとえば，部分集合を 1 元集合とする．

問 5.6 右図 (a)

問 5.7 右図 (b)

問 5.8 右図 (a), (b)

問 5.9 たとえば，$(\mathbb{Z}, \leqq)$ など．

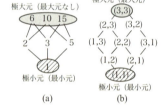

問 5.10 (1) Lower $M_1=\{a,b,c\}$, $\inf M_1=c$ (2) Upper $M_2=\{f,g,h\}$, $\inf M_2=f$ (3) $\inf M_3=f$, $\sup M_3$ はなし

問 5.11 上界が存在しない例 $(0, \infty)$，下界が存在しない例 $(-\infty, 0)$．

問 5.12 2 通りある．

問 5.13 $\mathbb{N}$ だけは最小元をもち，$\mathbb{Z}, \mathbb{Q}$ と順序同型でない．$\mathbb{Q}$ の 2 つの要素の間には必ずもう一つの要素が存在するが，$\mathbb{Z}$ ではそうとは限らず，$\mathbb{Z}$ と $\mathbb{Q}$ は順序同型ではない．

問 5.14 B を整列集合 A の部分集合とする．$B=\emptyset$ ならば整列集合．$B\neq\emptyset$ ならば，空ではない $C \subset B$ は，$C \subset A$ なので最小元をもつ．よって，B は整列集合．

問 5.15 順序集合 $(W, <)$ の W の部分集合を $\{a, b\}$ とする．任意の部分集合が最小元をもつなら，$\min\{a,b\}=a$ または $\min\{a,b\}=b$ より，$a<b$ あるいは $b<a$ のいずれかが成り立つことであり，比較可能性を満たす．よって，$(W,<)$ は全順序集合．

問 5.16 $\mathbb{Z}^+$ から V への順序同型写像 $\varphi(x) = 2^x$ が存在する．

【発展 5.1】 a, a' がともに A の最大元ならば，$a < a'$ かつ $a' < a$．したがって，$a = a'$．

【発展 5.2】 上限は最小公倍数，下限は最大公約数．

【発展 5.3】 $A \simeq B$ のときの順序同型写像を $\varphi: B \to A$，空でない $C \subset B$, $\varphi(C) = C'$ のとき，φ の定義域を $C \subset A$ に制限して $\varphi: C \to C'$ とする．$C' \subset A$ であり，C' は最小元 $c_{\min}$ をもち，$\varphi^{-1}(c_{\min})$ は C の最小元．よって，B は整列集合．

【発展 5.4】 背理法による．「$\neg p(x)$ を満たす $x \in M$ が存在する」と仮定し，そのような元全体がつくる M の部分集合を $S \neq \emptyset$ とする．S には最小元 a_0 が存在し，$x < a_0$

となる x に対して $p(x)$ は成り立つ ($x \notin S$). (ii) より, $a_0 \in S$ についても $p(a_0)$ が成り立つため矛盾である. よって, $\neg p(x)$ を満たす $x \in M$ は存在しない.

【発展 5.5】 (a) 束. (b) 束ではない. (c) 束ではない. (d) 束.

第6章解答例

問 6.1 (a) 4 (b) $\sqrt{34}$ (c) $\sqrt{21}$

問 6.2 $a_i = p_i - r_i$, $b_i = r_i - q_i$ ($i = 1, 2$) とおくと, $a_i + b_i = p_i - q_i$ であるから, 任意の実数 t に対して $(a_i t + b_i)^2 \geqq 0$ だから $(a_1 t + b_1)^2 + (a_2 t + b_2)^2 = (a_1{}^2 + a_2{}^2)t^2 + 2(a_1 b_1 + a_2 b_2)t + (b_1{}^2 + b_2{}^2) \geqq 0$ であり, t の方程式 $(a_1{}^2 + a_2{}^2)t^2 + 2(a_1 b_1 + a_2 b_2)t + (b_1{}^2 + b_2{}^2) = 0$ の判別式 $D = (a_1 b_1 + a_2 b_2)^2 - (a_1{}^2 + a_2{}^2)(b_1{}^2 + b_2{}^2) \leqq 0$ より, $(a_1 b_1 + a_2 b_2)^2 \leqq (a_1{}^2 + a_2{}^2)(b_1{}^2 + b_2{}^2)$.

問 6.3 $x > y$ のとき: $\lim_{n \to \infty} \sqrt[n]{|x|^n + |y|^n} = \lim_{n \to \infty} \sqrt[n]{|x|^n} \sqrt[n]{1 + \frac{|y|^n}{|x|^n}} = |x|$. $x = y$ のとき: $\lim_{n \to \infty} \sqrt[n]{|x|^n + |y|^n} = \lim_{n \to \infty} \sqrt[n]{2} \sqrt[n]{|x|^n} = |x|$. $x < y$ のとき: $x > y$ のときと同様にしてできる.

問 6.4 たとえば, ⑥ $\left(|x|^{\frac{1}{2}} + |y|^{\frac{1}{2}}\right)^2 = 1$, ⑦ $\left(|x|^{\frac{1}{3}} + |y|^{\frac{1}{3}}\right)^3 = 1$ は右図の通り. また, $0 \leqq n < 1$ のときは距離の公理を満たさない.

問 6.5 $(d1), (d2)$ は明らか. $(d3)$ を示す. $\boldsymbol{x}, \boldsymbol{y} \in X$ とすると, $d(\boldsymbol{x}, \boldsymbol{y}) = 0$ または $d(\boldsymbol{x}, \boldsymbol{y}) = 1$. <u>$d(\boldsymbol{x}, \boldsymbol{y}) = 0$ のとき</u> 任意の $\boldsymbol{z} \in X$ に対し, $d(\boldsymbol{x}, \boldsymbol{y}) = 0 \leqq d(\boldsymbol{x}, \boldsymbol{z}) + d(\boldsymbol{z}, \boldsymbol{y})$ である. <u>$d(\boldsymbol{x}, \boldsymbol{y}) = 1$ のとき</u> 任意の $\boldsymbol{z} \in X$ に対し, $\boldsymbol{x} \neq \boldsymbol{z}$ または $\boldsymbol{y} \neq \boldsymbol{z}$ である. なぜなら, $\boldsymbol{x} = \boldsymbol{z}$ かつ $\boldsymbol{y} = \boldsymbol{z}$ なら, $\boldsymbol{x} = \boldsymbol{y}$ となり, $d(\boldsymbol{x}, \boldsymbol{y}) = 1$ に反すからである. よって $1 \leqq d(\boldsymbol{x}, \boldsymbol{z}) + d(\boldsymbol{z}, \boldsymbol{y})$ となるから $d(\boldsymbol{x}, \boldsymbol{y}) = 1 \leqq d(\boldsymbol{x}, \boldsymbol{z}) + d(\boldsymbol{z}, \boldsymbol{y})$

問 6.6 $\boldsymbol{y}, \boldsymbol{z} \in B(\boldsymbol{x}; r)$ をとると, $d(\boldsymbol{x}, \boldsymbol{y}) < r, d(\boldsymbol{x}, \boldsymbol{z}) < r$ より, $d(\boldsymbol{y}, \boldsymbol{z}) \leqq d(\boldsymbol{x}, \boldsymbol{y}) + d(\boldsymbol{x}, \boldsymbol{z}) < 2r$. 両辺の上限をとって, $\delta(B(\boldsymbol{x}; r)) \leqq 2r$.

問 6.7 境界点 $\boldsymbol{x}$ は A の内点でも外点でもなく,「どんな $\varepsilon > 0$ でも $B(\boldsymbol{x}; \varepsilon) \not\subset A$ かつ $B(\boldsymbol{x}; \varepsilon) \not\subset A^c \iff$ どんな $\varepsilon > 0$ でも $B(\boldsymbol{x}; \varepsilon) \cap A^c \neq \emptyset$ かつ $B(\boldsymbol{x}; \varepsilon) \cap A \neq \emptyset$」.

問 6.8 「点 $\boldsymbol{a}$ に収束するある点列 $\{\boldsymbol{a}_n\}$ が存在し, どんな番号 n_0 に対しても, $n > n_0$ ならば $\boldsymbol{a}_n \notin A$ となる」. 反例は略.

【発展 6.1】 次図参照

【発展 6.2】 $(d3) : d(\boldsymbol{x}, \boldsymbol{y}) = a, d(\boldsymbol{y}, \boldsymbol{z}) = b, d(\boldsymbol{z}, \boldsymbol{x}) = c$ とおく. ここで, $d'(\boldsymbol{x}, \boldsymbol{y}) + d'(\boldsymbol{y}, \boldsymbol{z}) = \frac{a}{1+a} + \frac{b}{1+b}$, $d'(\boldsymbol{x}, \boldsymbol{z}) = \frac{c}{1+c}$ であるが, d は距離関数だから, $a + b \geqq c$. 一方, 関数 $f(x) = \frac{x}{1+x}$ ($x \geqq 0$) は単調増加だから $\frac{a+b}{1+a+b} \geqq \frac{c}{1+c}$. よって

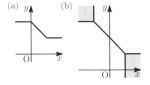

192　問・章末問題の解答例

$\frac{a}{1+a} + \frac{b}{1+b} \geqq \frac{a+b}{1+a+b}$ $(a \geqq 0, b \geqq 0)$ を示せばよく，$\frac{a}{1+a} + \frac{b}{1+b} - \frac{a+b}{1+a+b} = \frac{ab(2+a+b)}{(1+a)(1+b)(1+a+b)} \geqq 0$ から示された．

【発展 6.3】 収束しない．「ある実数 $\varepsilon > 0$ が存在して，任意の正整数 n_0 に対して，ある n が存在して $n > n_0$ であるにもかかわらず $d(a_n, \alpha) \geqq \varepsilon$ となる」．

【発展 6.4】 ($\Longrightarrow$) 背理法で示す．「F^c が開集合であり，かつ $\boldsymbol{x} \in F^f$ であるにもかかわらず $\boldsymbol{x} \notin F$」と仮定して矛盾を導けばよい．$\boldsymbol{x} \notin F$ とすると $\boldsymbol{x} \in F^c$. F^c は開集合だから，ある $B(\boldsymbol{x}; \varepsilon)$ が存在して $\boldsymbol{x} \in B(\boldsymbol{x}; \varepsilon) \subset F^c$ を満たす．よって $B(\boldsymbol{x}; \varepsilon) \cap F = \varnothing$ となるが，これは $\boldsymbol{x} \in F^f$ に反する．($\Longleftarrow$) 略．

第 7 章解答例

問 7.1　開集合は X と $\varnothing$ だけだから，$(\mathcal{O}1) \sim (\mathcal{O}3)$ を満たす．

問 7.2　(a) $\varnothing$　(b) $\{b\}$　(c) $\{c, a\}$

問 7.3　$(\mathcal{O}3)$ を示す．X の点 $\boldsymbol{x}, \boldsymbol{y}, \boldsymbol{z}$ について，(i) 3 点がすべて異なるとき：$1 = d(\boldsymbol{x}, \boldsymbol{z}) \leqq d(\boldsymbol{x}, \boldsymbol{y}) + d(\boldsymbol{y}, \boldsymbol{z}) = 2$. (ii) 3 点のうち 2 点が異なるとき：$0 \leqq d(\boldsymbol{x}, \boldsymbol{z}) \leqq 1$, $1 \leqq d(\boldsymbol{x}, \boldsymbol{y}) + d(\boldsymbol{y}, \boldsymbol{z}) \leqq 2$. (iii) 3 点がすべて等しいとき：$d(\boldsymbol{x}, \boldsymbol{z}) = d(\boldsymbol{x}, \boldsymbol{y}) + d(\boldsymbol{y}, \boldsymbol{z}) = 0$.

問 7.4　$O \in \mathcal{O} \Longleftrightarrow O^c \in \mathcal{F}$ だから．

問 7.5　($\Longleftarrow$) A の任意の点 $\boldsymbol{x}$ に対して，$A \in \mathcal{U}(\boldsymbol{x})$ ならば，ある開集合 $O_{\boldsymbol{x}}$ が存在して $\boldsymbol{x} \in O_{\boldsymbol{x}} \subset A$ を満たす．このとき，$A = \bigcup_{\boldsymbol{x} \in A} O_{\boldsymbol{x}}$ となる．なぜなら，$\boldsymbol{x} \in A$ ならば $\boldsymbol{x} \in O_{\boldsymbol{x}} \subset \bigcup_{\boldsymbol{x} \in A} O_{\boldsymbol{x}}$ だから，$A \subset \bigcup_{\boldsymbol{x} \in A} O_{\boldsymbol{x}}$ がいえる．また，任意の $\boldsymbol{x} \in A$ に対して，ある $O_{\boldsymbol{x}}$ が存在して $O_{\boldsymbol{x}} \subset A$ を満たすから $\bigcup_{\boldsymbol{x} \in A} O_{\boldsymbol{x}} \subset A$. よって $A = \bigcup_{\boldsymbol{x} \in A} O_{\boldsymbol{x}}$ であり，右辺は開集合の和集合だから開集合である．

問 7.6　$\boldsymbol{z} = (0, 0)$ とすると，$B_2\left(\boldsymbol{z}; \frac{\varepsilon}{\sqrt{2}}\right) \subset B_1(\boldsymbol{z}; \varepsilon) \subset B_2(\boldsymbol{z}; \varepsilon) \subset B_\infty(\boldsymbol{z}; \varepsilon)$ となる（右図）．$\boldsymbol{z}$ を固定し，$\mathcal{U}_1(\boldsymbol{z}) = \{B_1(\boldsymbol{z}; \varepsilon) \mid \varepsilon > 0\}$, $\mathcal{U}_2(\boldsymbol{z}) = \{B_2(\boldsymbol{z}; \varepsilon) \mid \varepsilon > 0\}$, $\mathcal{U}_\infty(\boldsymbol{z}) = \{B_\infty(\boldsymbol{z}; \varepsilon) \mid \varepsilon > 0\}$ とおくと，$\mathcal{U}_1(\boldsymbol{z}), \mathcal{U}_2(\boldsymbol{z}), \mathcal{U}_\infty(\boldsymbol{z})$ はすべて $(\mathbb{R}^2, \mathcal{O}_2)$ における $\boldsymbol{z}$ の基本近傍系．つまり $(\mathbb{R}^2, \mathcal{O}_1)$, $(\mathbb{R}^2, \mathcal{O}_2)$, $(\mathbb{R}^2, \mathcal{O}_\infty)$ は位相空間としては同じ．

問 7.7　$(\mathcal{O}2) V_\alpha \in \mathcal{O}_A$, $\alpha \in \Lambda$ のとき，ある $U_\alpha \in \mathcal{O}_A$ が $V_\alpha = A \cap U_\alpha$ を満たす．このとき，$\bigcup_{\alpha \in \Lambda} V_\alpha = \bigcup_{\alpha \in \Lambda}(U_\alpha \cap A) = \left(\bigcup_{\alpha \in \Lambda} U_\alpha\right) \cap A$ であり，$\bigcup_{\alpha \in \Lambda} U_\alpha \in \mathcal{O}$ だから $\bigcup_{\alpha \in \Lambda} V_\alpha \in \mathcal{O}_A$. $(\mathcal{O}3) V_i \in \mathcal{O}_A$ $(1 \leqq i \leqq n)$ とすると，ある U_i が $V_i = U_i \cap A$ を満たす．$\bigcap_{i=1}^n U_i \in \mathcal{O}$ より $\bigcap_{i=1}^n V_i = \bigcap_{i=1}^n(U_i \cap A) = \left(\bigcap_{i=1}^n U_i\right) \cap A \in \mathcal{O}_A$.

問 7.8　F_1 が A の閉集合 $\Longleftrightarrow A - F_1$ が A の開集合 $\Longleftrightarrow X$ のある開集合 O が存在して $(A - F_1) = (O \cap A)$ を満たす $\Longleftrightarrow F_1 = (F \cap A)$.

問 7.9　$\boldsymbol{x}, \boldsymbol{y} \in X$, $\boldsymbol{x} \neq \boldsymbol{y}$ とする．$\boldsymbol{x} \in U, U \in \mathcal{O} \Longrightarrow U = X$, $\boldsymbol{y} \in V, V \in \mathcal{O} \Longrightarrow V = X$ となるから $U \cap V \neq \varnothing$. よってハウスドルフ空間でない．

問 7.10　(a) $U = \{\boldsymbol{a}, \boldsymbol{b}\}, V = \{\boldsymbol{c}\}$ とすると，$(DC1) \sim (DC3)$ を満たすから不連結．(b) $(DC1) \sim (DC3)$ を満たすような開集合が存在しないから連結．

問 7.11 $x,y,z \in X$ とする．推移律を示す．$x \sim y$, $y \sim z$ とすると，X の連結集合 A が存在して x,y であり，かつ，X の連結集合 B が存在して $y \in B, z \in B$．定理 7.8 より，$A \cup B$ は X の連結集合だから $x \in A \cup B$, $z \in A \cup B$ よって，$x \sim z$．

問 7.12 $U = (-1,1)$, $V = (1,3)$ は $\mathbb{R}$ の開集合で，$0 \in (-1,1)$, $2 \in (1,3)$ である．(dc1) $\{0,2\} \subset (-1,1) \cup (1,3)$, (dc2) $(-1,1) \cap (1,3) = \emptyset$, (dc3) $\{0,2\} \cap (-1,1) \neq \emptyset$, $\{0,2\} \cap (1,3) \neq \emptyset$ のすべてを満たすから，$\{0,2\}$ は $\mathbb{R}$ で不連結．

問 7.13 $\mathbb{Q}$ を分離する開集合が存在する．$\sqrt{2}$ は無理数だから $\sqrt{2} \notin \mathbb{Q}$．$U = (-\infty, \sqrt{2})$, $V = (\sqrt{2}, \infty)$ とすると，(dc1), (dc2), (dc3) のすべてを満たし，U, V は分離する開集合であるため，$\mathbb{Q}$ は $\mathbb{R}$ で不連結．

問 7.14 1 点はコンパクトだから，例 7.22 より $A = \bigcup_{x \in A} \{x\}$ はコンパクト．

問 7.15 問 7.14 より $\{x_n\}$ はコンパクトである．

問 7.16 定理 7.13 より A, B は閉集合である．よって $A \cap B$ も閉集合である．$A \cap B \subset A$ で，A はコンパクトだから，定理 7.12 より $A \cap B$ もコンパクトである．

【発展 7.1】位相空間 (a), (b), (e), (f)．　位相空間ではない (c), (d)．

【発展 7.2】$(\mathcal{O}3)$ $B_\nu \in \mathcal{B}$ とすると，ある $\lambda, \mu \in \Lambda$ が存在して，$B_\nu \subset B_\lambda \in \mathcal{B}_1$, $B_\nu \subset B_\mu \in \mathcal{B}_2$ だから，$B_\nu \subset B_\lambda \cap B_\mu \in \mathcal{B}$．よって，$\bigcup_\nu \in \mathcal{B}$．

【発展 7.3】$B^a \supset B$ であり，B^a は X における閉集合であり，$(B^a \cap A) \supset B$ は A における閉集合である．$B_A{}^a$ は B を含み，A の中での最小の閉集合だから $B_A{}^a \supset (B^a \cap A)$ である．一方，$B_A{}^a$ は A における閉集合だから，X のある閉集合 F が存在して $(F \cap A) = B_A{}^a \supset B$．$F \supset B$ だから，X で閉包をとると，$F = F^a \supset B^a$ である．よって，$B_A{}^a = (F \cap A) \supset (B^a \cap A)$．以上から $B_A{}^a = B^a \cap A$．

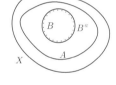

【発展 7.4】($\Longrightarrow$) 任意の $y (\neq x)$ に対して，$y \notin \bigcap_{U \in \mathcal{U}(x)} U^a$ を示す．つまり，任意の $y (\neq x)$ に対して，ある $U \in \mathcal{U}(x)$ が $y \notin U^a$ を満たせばよい．X はハウスドルフ空間だから，$x \neq y$ とすると，ある開集合 U, V が存在して $x \in U, y \in V$ かつ $U \cap V = \emptyset$ を満たす．$U \subset V^c$ で V^c は閉集合だから $U^a \subset (V^c)^a = V^c$．$y \in V$ だから，$y \notin U^a$．($\Longleftarrow$) 略．

【発展 7.5】$A \cup B$ が不連結とすると，ある $U, V \in \mathcal{O}_X$ が存在して $(dc1), (dc2), (dc3)$ を満たす．A, B は連結だから，$B \subset U$ かつ $A \cap U = \emptyset$，または $B \subset V$ かつ $A \cap V = \emptyset$ である．仮に $B \subset U$ かつ $A \cap U = \emptyset$ とすると，$A^a \cap B \neq \emptyset$ だから，$x \in A^a \cap B$ のとき $x \in A^a$ かつ $x \in U$ である．よって $A \cap U \neq \emptyset$ であるが，これは $A \cap U = \emptyset$ に反する．$B \subset V$ かつ $A \cap V = \emptyset$ のときも同様．よって $A \cup B$ は連結である．

【発展 7.6】A, B はコンパクトではない．C はコンパクトである．

194   問・章末問題の解答例

第 8 章解答例

問 8.1 ($\Longrightarrow$) 任意の $\varepsilon > 0$ をとる．定義 8.1 より，$f(a)$ の近傍 $V = (f(a) - \varepsilon, f(a) + \varepsilon)$ に対して，a のある近傍 U が存在して $f(U) \subset V$ を満たす．U は開集合だから，ある $B(a; \delta)$ $(\delta > 0)$ が存在して $B(a; \delta) \subset U$ を満たす．いま，$B(a; \delta) = (a - \delta, a + \delta)$ である．よって，$|x - a| < \delta$ ならば $|f(x) - f(a)| < \varepsilon$ を満たす．

($\Longleftarrow$) $f(a)$ の任意の近傍 V をとると，V は開集合だから，ある $\varepsilon > 0$ が存在して，$B(f(a); \varepsilon) \subset V$ を満たす．式 (8.3) より，この ε に対して，ある $\delta > 0$ が存在して，$|x - a| < \delta$ ならば $|f(x) - f(a)| < \varepsilon$ を満たす．よって，$U = B(a; \delta) = (a - \delta, a + \delta)$ が存在して，$x \in U$ ならば $f(x) \in (f(a) - \varepsilon, f(a) + \varepsilon) = B(f(a); \varepsilon) \subset V$ が成り立つ．つまり，$f(U) \subset V$ を満たす．

問 8.2 $\boldsymbol{a} \in X$ を固定する．f は連続だから X 上の点列 $\{\boldsymbol{x}_n\}$ に対して $\displaystyle\lim_{n \to \infty} |f(\boldsymbol{x}_n) - f(\boldsymbol{a})| = 0$，$g$ についても同様に $\displaystyle\lim_{n \to \infty} |g(\boldsymbol{x}_n) - g(\boldsymbol{a})| = 0$．このとき，$|(f + g)(\boldsymbol{x}_n) - (f + g)(\boldsymbol{a})| = |f(\boldsymbol{x}_n) + g(\boldsymbol{x}_n) - f(\boldsymbol{a}) - g(\boldsymbol{a})| \leqslant |f(\boldsymbol{x}_n) - f(\boldsymbol{a})| + |g(\boldsymbol{x}_n) - g(\boldsymbol{a})| \xrightarrow{n \to \infty} 0$ となり，$f + g$ は $\boldsymbol{a} \in X$ で連続．これは各点 $\boldsymbol{a}$ についていえるから，$f + g$ は X 上の連続関数である．αf についても同様．

問 8.3 (a) $V \subset Y$ を Y の任意の開集合とする．$f^{-1}(V) \subset X$ であるが，X は離散位相空間だから，$f^{-1}(V)$ は常に X の開集合である．よって，f は連続である．

(b) $V \neq \varnothing$ を Y の任意の開集合とする．Y は密着位相空間だから，$O = Y$．よって $f^{-1}(V) = f^{-1}(Y) = X$ となり，X は開集合だから f は連続である．

問 8.4 ($\Longrightarrow$) 任意の $x \in A^a$ と，$f(x) \in V \subset Y$ となる任意の V をとる．f は連続だから，x のある近傍 U が存在して $f(U) \subset V$ を満たす．一方，$x \in A^a$ と仮定したから，$U \cap A \neq \varnothing$ である．よって，$f(U) \cap f(A) \neq \varnothing \therefore V \cap f(A) \neq \varnothing \therefore f(a) \in (f(A))^a$．

($\Longleftarrow$) $B \subset Y$ を Y の閉集合とし，$f^{-1}(B) = A$ とおくと，$f(A) = f(f^{-1}(B)) = f(X) \cap B \subset B$ だから，$f(A) \subset B$．B は閉集合だから，$(f(A))^a \subset B^a = B$．条件から，$f(A^a) \subset (f(A))^a \subset B$．この両辺の f^{-1} を考えて，$A^a \subset f^{-1}(f(A^a)) \subset f^{-1}(B) = A$．よって，$A^a = A$ となるから A は閉集合であり，系 8.1 より f は連続である．

問 8.5 背理法で示す．$S^1 \approx [0, 1]$ と仮定すると，全単射の連続関数 $f : S^1$ が存在する．$p \in (0, 1)$ を任意にとると，$S^1 - \{f^{-1}(p)\}$ と $[0, 1] - \{p\}$ も同相のはずである．しかし，前者は連結だが後者は連結でない．これは定理 8.5 と矛盾する．したがって，$S^1 \not\approx [0, 1]$ である．

【発展 8.1】 (a) f は連続． (b) g は連続ではない．

【発展 8.2】 $\boldsymbol{x}_n \in F$，$\boldsymbol{x}_n \xrightarrow{n \to \infty} \boldsymbol{x}$ とする．f は連続だから定理 8.1 より $f(\boldsymbol{x}_n) \xrightarrow{n \to \infty} f(\boldsymbol{x})$ なので，$d(f(\boldsymbol{x}), \boldsymbol{x}) \leqslant d(f(\boldsymbol{x}), f(\boldsymbol{x}_n)) + d(f(\boldsymbol{x}_n), \boldsymbol{x}_n) + d(\boldsymbol{x}_n, \boldsymbol{x}) \underset{\text{条件}}{=} d(f(\boldsymbol{x}), f(\boldsymbol{x}_n)) + d(\boldsymbol{x}_n, \boldsymbol{x}) \xrightarrow{n \to \infty} 0$ となるから $\boldsymbol{x} \in F$．よって定理 6.4 より F は閉集合である．

【発展 8.3】 $a \in A$ とし，$f(a) = g(a)$ の近傍を V とする．$g^{-1}(V) = \{x \in X | g(x) \in V\} = $

$\{x \in X | f(x) \in V\} = A \cap f^{-1}(V)$ であり,f は連続だから $f^{-1}(V) \in \mathcal{O}_X$. よって $g^{-1} \in \mathcal{O}_A$. 以上から g は連続である.

【発展 8.4】 f が全射:$\boldsymbol{y} \in \mathbb{R}^n$ に対し,$\boldsymbol{x} = \boldsymbol{y} - \boldsymbol{z}$ のとき,$f(\boldsymbol{x}) = f(\boldsymbol{y} - \boldsymbol{z}) = (\boldsymbol{y} - \boldsymbol{z}) + \boldsymbol{z} = \boldsymbol{y}$ より,$\mathbb{R}^n \subset f(\mathbb{R}^n)$. $f(\mathbb{R}^n) \subset \mathbb{R}^n$ は明らかなので,$f(\mathbb{R}^n) = \mathbb{R}^n$. f が単射:略. f が連続:$d(f(\boldsymbol{x}), f(\boldsymbol{y})) = \|f(\boldsymbol{x}) - f(\boldsymbol{y})\| = \|\boldsymbol{x} - \boldsymbol{y}\| = d(\boldsymbol{x}, \boldsymbol{y})$ だから f は連続. ただし,$\|x\| = \sqrt{\sum_{i=1}^n |x_i|^2}$. f^{-1} が連続:略.

【発展 8.5】 (a),(b) 略. (c) $X \approx Y$, $Y \approx Z$ とすると,同相写像 $f : X \to Y$, $g : Y \to Z$ が存在する. ここで,f, g が全単射であれば $g \circ f$ も全単射である. また,定理 8.3 より,$g \circ f$ も連続である. これらは f^{-1}, g^{-1} についてもいえるから $X \approx Z$.

第 9 章解答例

問 9.1 $f, g \in F(X)$ に対し,$d(f, g) = \sup |f(\boldsymbol{x}) - g(\boldsymbol{x})| \leqq \sup |f(\boldsymbol{x})| + \sup |g(\boldsymbol{x})| < \infty$ より,$d(f, g)$ は実数値関数である. $(d1), (d2)$:略. $(d3)$:$d(f, g) = \sup |f(\boldsymbol{x}) - g(\boldsymbol{x})| = \sup |f(\boldsymbol{x}) - h(\boldsymbol{x}) + h(\boldsymbol{x}) - g(\boldsymbol{x})| \leqq \sup |f(\boldsymbol{x}) - h(\boldsymbol{x})| + \sup |h(\boldsymbol{x}) - g(\boldsymbol{x})| = d(f, h) + d(h, g)$.

問 9.2 $d(f, g) = \sup |f(\boldsymbol{x}) - g(\boldsymbol{x})|$ を実数で与えることができない場合があるから.

問 9.3 右図の場合,$\max |f(x) - g(x)|$ が求められない.

参 考 文 献

[全 般]

[1] 日本数学会 編：『岩波数学辞典 第 4 版』，岩波書店 (2007)

 本書の用語や記号は，基本的にはこの辞典に従った．

[2] 松坂和夫：『集合・位相入門』，岩波書店 (2018)

 1968 年に発刊された本の新装版である．松坂氏の著作は多数あるのだが，いずれも（1980 年代後半の当時としては）説明が丁寧で，数学科に入学したものの「困っている学生」にも好評であった．一方，多くの命題が掲載されていて，今でも「集合と位相」の教科書のお手本となっていると推察する．本書の次に手に取る本としても推薦したい．

[3] 内田伏一：『集合と位相』（増補新装版），裳華房 (2018)

 1986 年の初版において，例や問題が多く，長く読み継がれており，2018 年の増補新装版では，さらに解答とヒントが充実されている．各種定理の証明などを詳しく知りたいときなどに参考となるであろう．

[集 合]

[4] 赤 攝也：『集合論入門』，筑摩書房（ちくま学芸文庫）(2014)

 1957 年に出版された『集合論入門』（培風館）の復刻版であり，カントールが創始した「古典的」について詳細に解説されている．例や問いも豊富であり，独学書として適している．本書の第 2 章から第 5 章の参考とした．

[5] 松坂和夫：『新装版 数学読本 6』，岩波書店 (2019)

 大学での学びにつながるよう，高校で学ぶ範囲を中心に，独習できるように多くの例題や問題が詳しく解説されている良書．第 6 巻には「無限をかぞえる」の章があり，本書の第 4 章の参考とした．

198 参考文献

[6] 竹内外史：『新装版 集合とはなにか』，講談社（ブルーバックス）(2001)
集合をとおして物事をとらえることとはどういうことか集合の本質は
なにか，について述べられている．公理的集合論の章もあり，本書では
ふれていない公理的集合論を学ぶきっかけとして欲しい．なお，復刊
（初版 1976 年）にあたっては，カントールの生涯と集合論の生成とのかか
かわりについて述べられた「カントール」の章が付け加えられている．

[位 相]

[7] 石川剛郎：『位相のあたま』，共立出版 (2018)

[8] 石谷茂：『初めて学ぶトポロジー』，現代数学社 (2000)

[9] 一樂重雄：『意味がわかる位相空間論』，日本評論社 (2008)
[7]〜[9] はいずれも本書と同じ立場で著された本である．それぞれの本
も各概念を優しく丁寧に説明している．一方，本書は初学者が感じるで
あろう「なぜ」に答えることを意識してかいている．併せてよんでもら
えれば理解の助けになると思う．

[10] 嶺幸太郎：『微分積分学の試練〜実数の連続性と ε-δ』，日本評論社 (2018)
嶺氏は一般位相幾何学の研究者であり，この本でも位相空間について
詳細に述べられている．かゆいところに手が届く本であり，[2], [3] と
あわせて，本書に続いて読んでほしい本の一つである．

[応 用]

[11] 大森英樹：『数学のなかの物理学』，東京大学出版会 (2004)
この本は，「非可換幾何学への入り口」を紹介したものといってよいだ
ろう．この中で，観測論の立場から多様体論が論ぜられている．日本語
で書かれた数学の書籍でこのように多様体論を解説しているものは珍
しい（もしかしたら，物理学書にはあるのかもしれない）．

[12] 藤岡敦：『入門情報幾何』，共立出版 (2021)
近年，多くの著書（いずれもわかりやすいとの定評である）を発表され
ている藤岡氏の本である．日本語で著された情報幾何の本はまだ少な
いが，例や練習問題も豊富であり，初学者にとって読みやすいと思う．

[13] 長沼伸一郎：『経済数学の直観的方法』，講談社（ブルーバックス）（2016）
本書では取り上げなかった経済学の分野への「位相」の応用に関する書
である．「位相・関数解析」の章があり，消費活動の離散的な量（買う・
買わないなど）を数学的に取り扱うために導入される位相の基本的な
考え方について述べられている．

[14] 赤穂昭太郎 (2005)：情報幾何と機械学習，計測と制御，44(5), pp. 299–306

[15] Amari, Shun-Ichi(1982) :"Differential Geometry of Curved Exponential Families-Curvatures and Information Loss", *The Annals of Statistics*, **10**(2), doi:10.1214/aos/1176345779

あ と が き

　筆者のひとりである田村は，2020 年 4 月に岩手県立大学に着任するまで，鎌倉市の栄光学園中学高等学校で数学を教えていた．私に数学を教えてくださったのは，学士，修士課程の研究室主宰であった大森英樹先生だが，鍛えてくれたのは栄光の生徒たちだと思っている．勤務と並行して，母校・東京理科大学の大学院博士後期課程において，清水克彦先生のもとで数学教育学を修めた．直接的な研究テーマは数学才能教育であったが，「学びの学び方」，「学びの伝え方」について執筆の参考になるところが大きかったと思う．

　多めにかいて，どんどん削除していく形で原稿を仕上げていったが，折に触れて意見付けをお願いした．学部時代の友人の伊藤健氏，栄光学園 OB の松田能文氏と大堀龍一氏，同僚の片町健太郎氏と榑松理樹氏にも，誤りをご指摘いただいたり，適切な表現をご教示いただいた．意見付けをしてくださった皆さんには等しく感謝しているが，個人的には栄光 OB のふたりにお世話になったことが感慨深い．当時は教師と生徒という関係であったが，今は私の親友だからである．何度原稿を読み返したかわからないが，そのたびに何らかの改善点が見つかる（論文をかくときも同じ現象が起こる）．もし本書に誤りがあれば，それは著者の責任である．

　お世話になったすべての方々にこの場を借りてお礼を申しあげる．

2024 年 7 月　田村　篤史

索 引

【記号・数字】

$\neg$ 182

$\land$ 182

$\lor$ 182

$\implies$ 182

$\iff$ 183

$\mapsto$ 27

$\to$ 27

$\in$ 8

$\notin$ 8

$|$ 41

$|A|$ 12, 16, 56

$\prec$ 64

$\subset$ 12, 184

$\subseteqq$ 14

$\subsetneqq$ 14

$\cap$ 17, 22, 36, 184

$\cup$ 18, 22, 35, 184

$\setminus$ 20

$A + B$ 18

$A \times B$ 25, 39, 52

A/R 45

A^a 99, 116

A^e 95, 116

A^f 95, 116

A° 95, 116

A^n 26

A^c 21, 37, 116, 184

$\{A_i\}_{i\in I}$ 35

$\{\boldsymbol{x}_n\}$ 105

$[a]$ 45

$[a, b]$ 10, 58, 160

$[a, b)$ 10, 58

(a, b) 10, 25, 58, 109

$(a, b]$ 10, 58

$-$ 20

$\forall$ 184

$\exists$ 184

$=$ 14, 184

$\sim$ 46, 54

$\approx$ 5, 154

$\simeq$ 74

$\varnothing$ 8, 13, 19, 38, 51

$\aleph$ 58

$\aleph_0$ 52, 57, 59

χ^2 距離 169

$\prod$ 38, 78

ε 近傍 88, 90, 93, 120

1 元集合 7

1 対 1 の写像 32

1 点集合 93, 109, 134, 138

2^X 15

2 項関係 41

【欧字】

A 上の関係 41

bag of words 171

$B(\boldsymbol{x}; \varepsilon)$ 88

Bernstein の定理 49, 56

Cantor 23

Cantor の逆理 23

card(A) 12

$\delta(A)$ 89

$d(\boldsymbol{x}, \boldsymbol{y})$ 83

$f(x)$ 27

$f(X)$ 28, 146, 159

f^{-1} 34, 73, 154, 156

$f^{-1}(X)$ 34, 148, 150

$g \circ f$ 31, 152

$G(f)$ 29

204　索　引

$G(R)$　42
idf　172
id_X　27, 31, 152
$\inf M$　70
$\lim$　103, 106, 148
Lower M　70
$\max A$　68
$\min A$　68
$\mathbb{N}$　9, 52, 76
$\mathscr{P}(X)$　15, 60, 113
$\mathbb{Q}$　9
$\mathbb{R}$　9, 27, 57, 72, 135, 142, 160, 162
Russell の逆理　23
$\sup M$　69, 89
tf　171
tf-idf　172
Upper M　69
$\mathcal{U}(\boldsymbol{x})$　120
$\mathbb{Z}$　9, 52
$\mathbb{Z}^+$　9, 48, 51
$\mathbb{Z}^-$　9
Zorn の補題　79

【あ行】
間　64
値　27
ある　184
位相　4, 6, 111, 176
位相空間　6, 111
位相的性質　158
位相同型　5, 154
位相同型写像　154
位相変換　157
上に有界　70
上への写像　32
円　85

【か行】
下位　64
外延的記法　8
開基底　115
開球　88

開区間　48
開写像　155
開集合　90, 92, 102, 107, 112, 151
開集合系　111, 120
外点　94, 116
開（閉）被覆　137
外部　95, 98, 116
下界　70
確率分布　180
下限　70
可算集合　51, 54, 57
合併　18
可微分同相　178
可付番集合　51
関係　2, 41
関係のグラフ　42
関数　2, 27
関数空間　174, 180
基数　12
基底　87, 115
帰納的　78
帰納的順序集合　78
基本近傍系　122
逆　183
逆関数　34
逆写像　34
逆像　28, 34
逆文書頻度　172
逆理　23
吸収法則　19
球面幾何学　87
境界　95, 116
境界点　95, 116
共通部分　17, 36
極限　148
極限値　103
極限点　106, 128
極小元　68
局所座標系　177
極大元　68, 79
距離　83
距離関数　83
距離空間　6, 83, 112, 142

索引 205

距離付け可能　113
距離の公理　84
近傍　120
近傍系　120
空間　82
空集合　7, 8
グラフ　29
結合法則　19
元　1, 7
交換法則　19
合成写像　31, 152
恒等写像　27, 31, 152
合同変換　157
公理的集合論　23
コサイン類似度　173
語の珍しさ　172
コンパクト　138, 139, 162
コンパクト空間　138
コンパクト集合　139

【さ行】
最小元　68, 76
最小上界　69
最小値　163
最大下界　70
最大元　68
最大値　163
差集合　20
座標　177
座標変換　178
自然言語処理　171
自然数　9
下に有界　70
実関数　27
実数　9
実数値関数　27
写像　27
終域　27
集合　1, 7
集合族　35
収束　103, 106, 128
自由度　177
十分条件　183

述語　2
順序　63
順序関係　63
順序集合　65
順序準同型写像　73
順序対　25
順序同型　74
順序同型写像　73
順序を保つ写像　73
上位　64
上界　69
上限　69
条件　2, 8, 184
商集合　45
情報幾何　173, 179
触点　99, 108, 116
真部分集合　14, 55
真理集合　2, 184
真理値　182
真理表　182
推移律　43, 46, 62
数学的構造　4
数列　103
すべて　184
正規分布　180
制限　28
整除関係　42
整数　9
正整数　9
整列可能定理　79
整列集合　76
線形空間モデル　173
線形順序　63
線形順序集合　65
全射　32, 50
全順序　63
全順序関係　63
全順序集合　65, 76
全称記号　184
全体集合　9, 184
選択関数　38
選択公理　38, 78, 80
全単射　33

206　索　引

像　27
相対位相　125
添字　35
添字集合　35
添字つき集合族　35
束　81
素朴集合論　23
存在記号　184

【た行】
第1可算公理　123
第2可算公理　118, 124
大円　87
対応分析　168
対角線論法　58
対偶　183
台集合　65
対称律　43, 46, 62
対等　46
互いに素　17
たかだか可算　51
タクシー幾何学　85
多様体　175, 177
単語頻度　171
単射　32
値域　28
チェビシェフ距離　86, 123
中間値の定理　160
超限帰納法　81
直後　64
直積　25, 38, 52
直前　64
直和　18
直径　89
ツェルメロの公理　38
定義域　27
定数写像　152
点　82
点集合　1
点列　105, 128
点列コンパクト　104
同相　154
同相写像　154, 156

同値関係　44, 46
同値な論理式　183
同値類　45
トポロジー　6
ド・モルガンの法則　22, 37
トーラス　5

【な行】
内点　94, 116
内部　95, 100, 116
内包的記法　8
ならば　182
濃度　12, 47, 60, 118

【は行】
ハイネ-ボレルの性質　138
ハウスドルフ空間　127
ハッセ図　67
パラドックス　23
反射律　43, 46, 62
半順序　63
半順序関係　63
半順序集合　65
反対称律　63
判別分析　166
比較可能性　63
非可算集合　57
必要十分条件　183
必要条件　183
否定　185
被覆　137
負整数　9
部分位相空間　125
部分集合　12, 54
部分集合系　16
部分集合族　37
部分順序集合　66
部分被覆　137
不変　157
不連結　130, 131
文書ベクトル　172
文の特徴量　171
文のベクトル化　171

文の類似度　171
分配法則　19
文ベクトル　172
分離する (separated) 開集合　130,
　131
閉区間　48, 142
閉写像　155
閉集合　98, 102, 107, 116, 140
閉集合系　119
閉包　99, 116
ベキ集合　15, 60
ベキ等法則　19
ベクトル空間モデル　173
編集距離（レーベンシュタイン距離）
　167
ベン図　11
包含関係　12
補集合　21, 54, 98

【ま行】
交わらない　17
交わり　17
マハラノビスの距離　166
マンハッタン距離　84, 123
密着位相空間　112
無限集合　1, 12, 54
無限の濃度　52, 59

【や行】
有界　70, 89
有界集合　89
有限交叉性　137
有限集合　1, 12, 51
有限の濃度　52
有限被覆　137
誘導された (induced) 位相　112
誘導された位相　112
有理数　9
ユークリッド幾何学　157
ユークリッド距離　83
ユークリッド空間　6, 83
要素　1, 7

【ら行】
離散位相空間　113
離散距離　84
離散距離空間　84
離散分布　180
連結　130, 131
連結空間　130, 158
連結集合　131, 133
連結でない　130, 131
連続　147
連続写像　149, 159
連続性　156
連続体仮説　59
連続体の濃度　59
連続の濃度　59
論理演算子　182
論理式　182
論理積　2

【わ行】
和集合　18, 36

Memorandum

Memorandum

著者紹介

田村篤史（たむら　あつし）
2015 年　東京理科大学大学院科学教育研究科科学教育専攻博士課程修了
現　　在　岩手県立大学ソフトウェア情報学部准教授，博士（学術）

猪股俊光（いのまた　としみつ）
1989 年　豊橋技術科学大学大学院工学研究科システム情報工学専攻博士後期課程修了
現　　在　岩手県立大学ソフトウェア情報学部教授，工学博士
著　　書　『情報系のための離散数学』（共著，共立出版，2020）
　　　　　『計算モデルとプログラミング』（共著，森北出版，2019）
　　　　　『Arduino で学ぶ組込みシステム入門（第 2 版）』（森北出版，2023）
　　　　　『Scheme による記号処理入門』（共著，森北出版，1994）

はじめて学ぶ集合と位相	著　者　田村篤史・猪股俊光　ⓒ 2024
データサイエンスへの応用を目指して	発行者　南條光章
	発行所　共立出版株式会社
2024 年 9 月 15 日　初版 1 刷発行	郵便番号　112-0006
	東京都文京区小日向 4-6-19
	電話　03-3947-2511（代表）
	振替口座　00110-2-57035
	www.kyoritsu-pub.co.jp
	印　刷　藤原印刷
	製　本　加藤製本
検印廃止	一般社団法人
NDC 410.9, 415.2	自然科学書協会
	会員
ISBN 978-4-320-11568-2	Printed in Japan

JCOPY　＜出版者著作権管理機構委託出版物＞

本書の無断複製は著作権法上での例外を除き禁じられています．複製される場合は，そのつど事前に，出版者著作権管理機構（TEL：03-5244-5088，FAX：03-5244-5089，e-mail：info@jcopy.or.jp）の許諾を得てください．

探検データサイエンス

データサイエンスの未踏の原野へ、いざ踏み出そう！

AI・数理・データサイエンス（AIMD）の基礎・応用・実践を、現代を生きるすべての人々に提供することを目指したシリーズ。各分野で期待されるデータサイエンスのリテラシーの水準をカバーし、人文社会系や生命系の学部・大学院生にも配慮している。

＼シリーズをカバーの色で3つに分類／

黄 データサイエンスの基礎　**青** 数学・統計学の基礎　**赤** データサイエンスの広がり

【各巻：A5判・並製】

＜データサイエンスの基礎＞

機械学習アルゴリズム 鈴木 顕 著／定価2860円（税込）ISBN978-4-320-12517-9

数理思考演習
磯辺秀司・小泉英介・静谷啓樹・早川美徳 著／定価2640円（税込）ISBN978-4-320-12520-9

ニューラルネットワーク入門
李 銀星・山田和範 著／定価3740円（税込）ISBN978-4-320-12522-3

＜数学・統計学の基礎＞

データサイエンスのための確率統計
尾畑伸明 著／定価2970円（税込）ISBN978-4-320-12518-6

Pythonで学ぶ確率統計
尾畑伸明・荒木由布子 著／定価3520円（税込）ISBN978-4-320-12521-6

＜データサイエンスの広がり＞

経済経営のデータサイエンス
石垣 司・植松良公・千木良弘朗・照井伸彦・松田安昌・李 銀星 著
定価3520円（税込）ISBN978-4-320-12519-3

続刊項目

関数データ解析／初歩からのデータサイエンス／人文社会科学のためのデータサイエンス／グラフのスペクトル／医学・保健学・看護学研究とデータ解析／社会の中のAI／他

（続刊項目は変更される場合がございます）

www.kyoritsu-pub.co.jp　　共立出版　　（価格は変更される場合がございます）